★造型★味道★裝飾！變成我喜歡的樣子吧！

熊谷裕子
精湛的蛋糕
變化研究課

Craive Sweets Kitchen

熊谷裕子

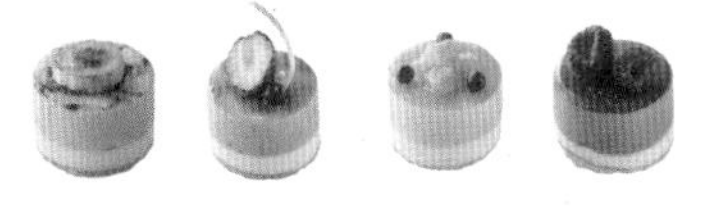

おいしいお菓子作りを！
熊谷裕子

瑞昇文化

前言

即便大家能夠一邊看著食譜，一邊熟練地做出蛋糕，但要將蛋糕變成自己喜歡的味道，或是做出和書上不同造型的蛋糕還是很困難的，所以就算是經常做甜點的老手，常常也會覺得「只能做出和食譜書一樣的蛋糕」。

因此，我會按步驟詳細說明在這本書中推薦的食譜，首先會介紹食譜本身，接著再介紹當要「**按照自己的喜好變化**」時能夠應用的技巧，像是如何做出坊間甜點店的時尚蛋糕裝飾或迷人的味道組合，或是如何用更輕鬆簡單的組合方式完成蛋糕作品。

「當改變造型時分量如何計算？」、「改變味道時，其他材料的分量也要跟著改變嗎？」我會列出具體的食譜，詳細解答改編蛋糕食譜時會有的疑問。對於大家容易失敗的地方我也會徹底舉例說明，即使是第一次挑戰的人，也能安心地製作不同於食譜的蛋糕。

我也會介紹專業甜點師愛用的新造型或是使用花嘴的方法，如果大家能使用最流行的裝飾，成品也會更上一層樓。

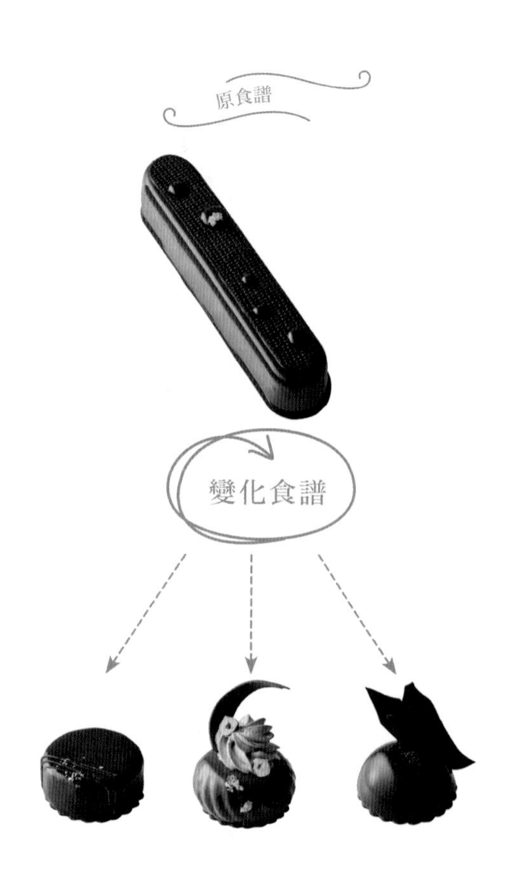

本書須知

關於材料

- 砂糖可使用上白糖或細砂糖。如果有指定使用「糖粉」或「細砂糖」時，請依照指定材料製作。
- 使用L大小的雞蛋，標準為蛋黃20g、蛋白40g。
- 鮮奶油使用動物性乳脂肪含量35%或36%的產品。
- 延展麵團時，手粉使用高筋麵粉，如果沒有的話可用低筋麵粉代替。

關於道具

- 請使用大小適中的鋼盆和打蛋器，若量少卻使用過大的器具時，會導致蛋白和鮮奶油不易打發起泡。
- 請先將烤箱預熱至指定溫度。
- 烤焙時間及溫度會因每個家庭的烤箱不同而有差異，請務必確認烤焙狀態並進行調整。

關於甜點冷凍

- 冷凍後除去模具的慕斯或巴伐利亞奶油，能以冷凍狀態保存2週。請以保鮮膜覆蓋，放入密封袋中，透過雙層保護，防止水分散逸或沾染味道。
- 若食譜的成品為冷凍狀態，請花2～3小時進行解凍後再享用。

Contents

Shape

Step 1

簡單改變形象

改變成自己喜歡的造型

請大家試著使用手邊已有的模具、或是自己喜歡的漂亮模具做出各種形狀的蛋糕吧！此為初級篇的變化教學，也就是稍微改變分量或使用不同的組合方法，就能夠輕鬆地改變蛋糕造型。如果大家能試著挑戰稀有的造型，或是使用最新的模具，就能夠做出和以前都不一樣的流行蛋糕。

改變大小

將蛋糕從1人分的小西點，變成數人分的圓形大蛋糕，或是想要顛倒過來也可以。因為僅是改變蛋糕大小，所以每個人能夠輕鬆嘗試，瞬間就能改變蛋糕的外型。
如果要改變蛋糕大小，材料分量就會比原食譜或多或少，此時只要計算蛋糕的體積，算出體積比，就能知道必要的分量是多少（計算方法在下一頁）。

改變形狀

只是從簡單的圓形或四方形變成其他形狀，就能讓人以為是專家做的時尚甜點。許多變化造型的模具形狀都很複雜，所以倒入慕斯時要確實填入每個角落，拿除模具時也必須小心謹慎，組合時需稍微注意。

味道或口感的平衡也會因為尺寸不同而產生變化

根據蛋糕種類的不同，有時味道或口感的平衡也會因為改變大小或造型而發生變化。舉例而言，做大的甜塔時，放在塔皮上的杏仁奶油等內餡的比例就較高，所以烘焙過後的成品會較為濕潤；而較小的甜塔，則因為塔皮的比例較高，強調的是酥鬆的口感。因為各有優點，希望大家能享受因造型改變帶來的味覺變化。
此外，若是配合形狀調整蛋糕體的厚度或內餡的分量，蛋糕成品的味道會更均衡。這本書會介紹不同甜點所搭配的變化技巧，敬請參考。

計算分量

計算實際模具的體積，練習推算出分量與數量。

模具的大小

原食譜	變化食譜
直徑12cm、高5cm的中空圈模	直徑6cm、高3.5cm的中空圈模

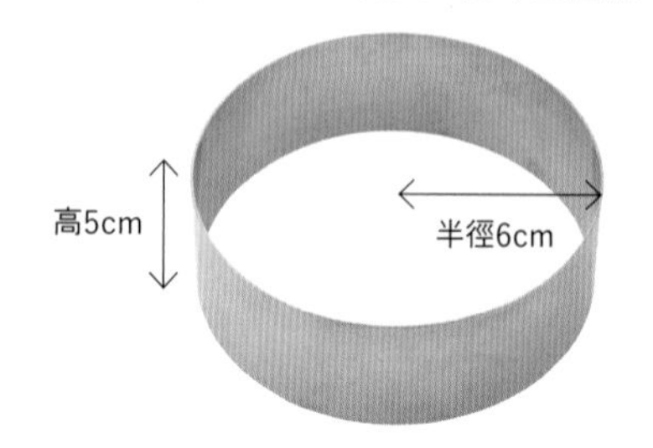

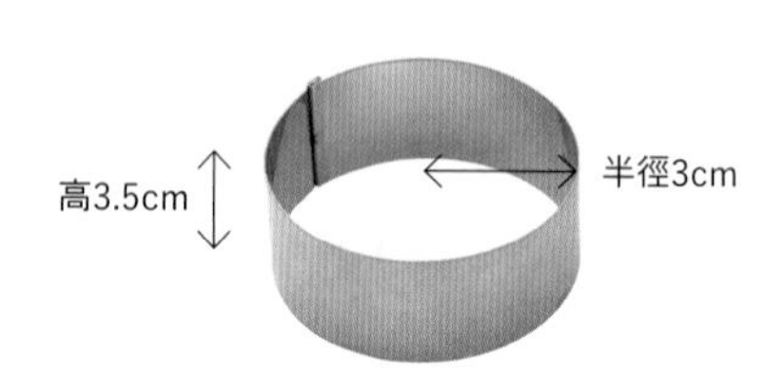

1 計算體積

分別計算出原食譜和變化食譜的模具體積。

算式

圓形	半徑 × 半徑 × 3.14 × 高 ＝ 體積
四方形	長 × 寬 × 高 ＝ 體積

實踐

原食譜	半徑 6cm × 半徑 6cm × 3.14 × 高 5cm ＝ 體積 565.2cm^3
變化食譜	半徑 3cm × 半徑 3cm × 3.14 × 高 3.5cm ＝ 體積 98.91cm^3

2 計算體積比

因為難以算出精確的體積，所以大致計算就可以了。

算式

大的體積 ÷ 小的體積 ＝ 體積比

實踐

原食譜 565.2 ÷ 變化食譜 98.91 ＝ 約 5.7

↓

原食譜 1：變化食譜 5.7

換言之，

原食譜做1個成品的分量，
可以用變化食譜的模具
做出5個成品，
材料還會剩下一些。

按照不同的蛋糕種類，有時配合不同尺寸，蛋糕體或慕斯的比例要稍加變化才會好吃，完全按照體積比的話可能材料會不夠用。萬一材料不夠的話反而要花時間補足，所以材料分量的拿捏要比算式答案再多一些。

舉例來說，5個小蛋糕的表面積比1個圓形蛋糕還要大，所以原始範例食譜使用的鏡面淋醬（覆蓋在表面的巧克力塗層）就會不夠。這種時候，最好準備1.5～2倍的分量較為安全，而且以小蛋糕的蛋糕體來說，鏡面淋醬的比例是比較高的，所以味道和口感也會產生變化。

使用變化造型的模具時……？

因為難以算出變化造型的體積，此時用水測量容積會較為方便。例如在矽膠模具等有底的模型中倒滿水，再測量水的重量就能大概算出體積，只要知道水的重量1g＝體積1cm^{3}就OK了。購買模具時，外盒或標籤上有時也會有容積（＝體積）標示，為求方便可以抄寫下來。

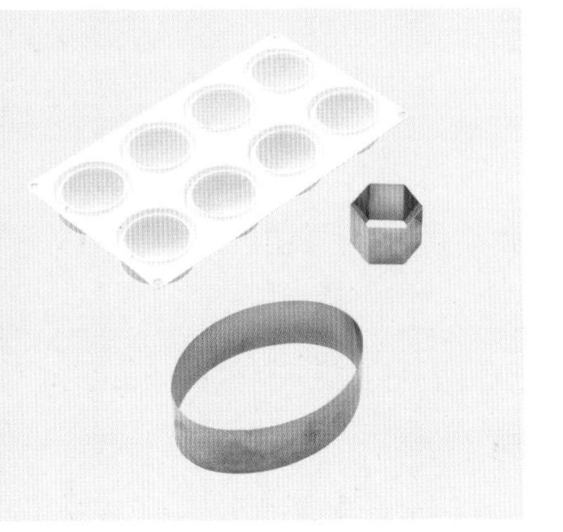

Feime

法式草莓塔

在法式甜塔皮中，加入濕潤的杏仁奶油和酸甜的蔓越莓果乾，烘烤後在塔皮上用2種花嘴擠出2色的鮮奶油和草莓鮮奶油，最後用草莓裝飾，就成為像花田般的少女甜點。雖然基底塔皮是古典的配方，但運用六角形模具使人感覺煥然一新。

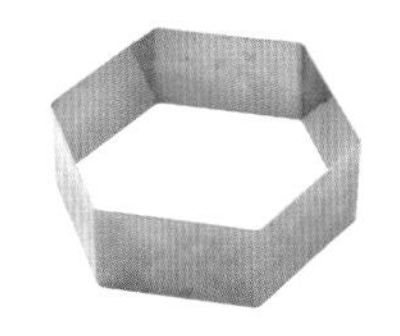

材料 直徑15cm、邊長7.5cm的六角形模具1個

甜塔皮

- 無鹽奶油……35g
- 糖粉……25g
- 蛋黃……1顆
- 低筋麵粉……70g

杏仁奶油

- 無鹽奶油（回歸常溫）……35g
- 砂糖……35g
- 全蛋（回歸常溫）……35g
- 杏仁粉……35g
- 蘭姆酒……2g

蔓越莓乾……30g

草莓……約5小粒

草莓鮮奶油

- 冷凍乾燥草莓粉……3g
- 砂糖……6g
- 水……少許
- （依照喜好加入微量紅色食用色素）
- 鮮奶油（打發5分）……70g

鮮奶油

- 砂糖……3g
- 鮮奶油……40g

裝飾

- 草莓、覆盆莓……各適量
- 塑形巧克力之雛菊片（參考126頁）……適量
- 巧克力裝飾（參考124頁）……適量

＊可以在草莓鮮奶油中依照喜好加入紅色食用色素。

什麼是冷凍乾燥草莓粉？

是將草莓冷凍乾燥後製成粉狀的一種食材。開封後容易泛潮，須儘早使用完畢。能將鮮奶油、白巧克力、甘納許等染成淡粉色，如果想要更深的粉色時，可以用微量的紅色食用色素來補足。

事前準備

請參考127頁製作甜塔皮，並置於冷藏庫。

作法

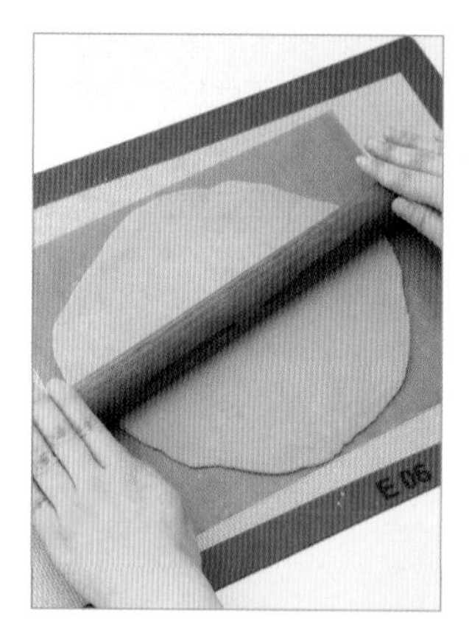

01

將甜塔皮麵團放在烘焙紙或料理紙上，一邊撒上麵粉（分量外），一邊用擀麵棍延展成3mm厚的圓形。厚度要均等，且大小要比模具大一圈。

02

將模具放在烘焙紙或料理紙上。將**1**連同烘焙紙倒放，覆蓋在模具的上方正中央，輕輕地撕下烘焙紙。

Point!

因為模具沒有底，所以一定要先鋪烘焙紙再放入麵團。將麵團連同烘焙紙一起覆蓋在有高度的模具上，會比較好作業。

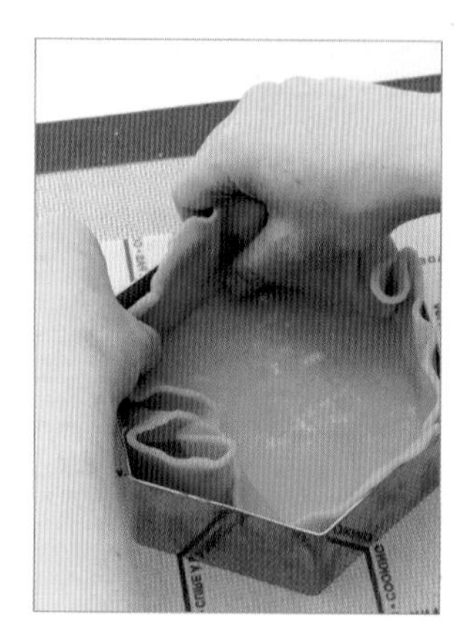

03

將麵團壓進去，每個角落都要壓實並貼合在每個面上，麵團不要脫離模具的側面及底部的烘焙紙。

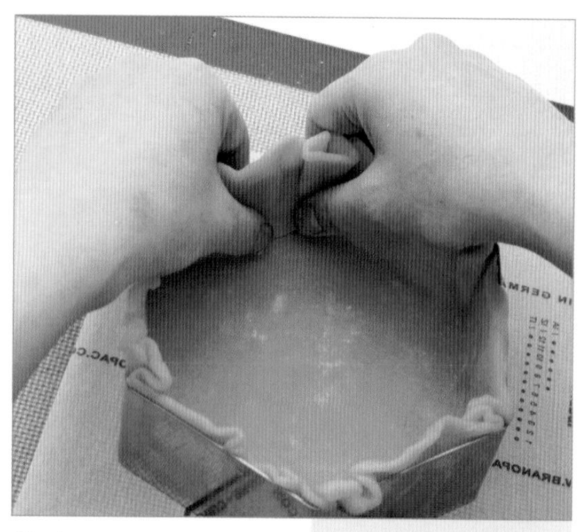

04

因為角落的麵團一定會比其他地方厚，用拇指將角落的麵團往上捏，讓厚度均等。但需注意，捏過頭的話反而角落的麵團會變太薄。

Point!

動作要快，以免麵團崩塌。如果中途麵團變軟的話，可以放進冷藏庫以緊實麵團。黏手時可以再加點少量的麵粉。

05

放在冷藏庫20～30分鐘。用刀具切除周圍一圈，麵團高度留約2cm，若有不平整的地方再稍加調整，重新放回冷藏庫使麵團緊實，之後切面會變得更俐落美觀。

06

製作杏仁奶油。將奶油置於常溫中變軟，依序將砂糖、全蛋、杏仁粉、蘭姆酒倒入奶油中，每次倒入時需仔細混合攪拌。

07

撕除鋪在**5**底部的烘焙紙，放到烤墊（參考43頁）上。如果沒有烤墊，也可以就這樣放在烘焙紙上，並用叉子在底部均勻地點出孔洞，讓烤焙時能受熱均勻，避免底部膨脹或內縮。將蔓越莓乾均勻地撒在底部。

08

倒入全部的杏仁奶油，並抹平。

09

用180度的烤箱烤25～30分鐘，直到整個塔皮散發出香氣並呈現焦色。脫模並放涼。

10

將去蒂的草莓切成8mm厚的果片，並排放在塔皮上，不要溢出塔皮邊緣。

11

製作草莓鮮奶油。將冷凍乾燥草莓粉、砂糖和水混合，攪拌至固態的糨糊狀，像柔軟的果醬。可按照喜好加入溶在水中的紅色食用色素，草莓鮮奶油會更顯色。

粉狀類材料直接加入鮮奶油中的話會結塊，要先用水溶解再加入。

12

將鮮奶油打發至5分，標準程度為拿起打蛋器時奶油會往下滴。將**11**分2次倒入，用橡膠刮刀混合。

13

若做出來的草莓鮮奶油太稀，可以用打蛋器調整至稍微出現尖角的程度（打發7分），需注意不要打發過頭。

加入糊狀食材時鮮奶油會瞬間變得緊實，所以一定要倒入鬆散的鮮奶油中。如果倒入堅挺的鮮奶油中或是打發過頭，奶油會變得乾硬無法均勻混合。

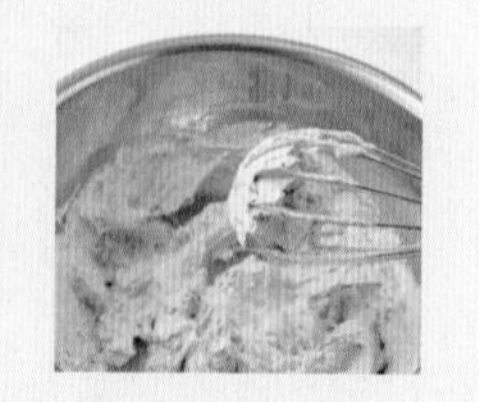

14

製作鮮奶油。將鮮奶油與砂糖混合，打發至出現尖角，放入口徑1cm的圓形擠花袋中。

15

將鮮奶油擠在**10**的塔皮上。垂直拿著擠花袋，用力擠出後往正上方拉就能擠出漂亮的形狀。每球鮮奶油互相間隔，大小隨機。

16

將草莓鮮奶油放入**14**齒的星形擠花袋中。擠在鮮奶油球的間隔中，大小隨機。

17

擠滿整個塔皮，不要留有縫隙。

18

放上8mm厚的草莓片和覆盆莓，用塑形巧克力的雛菊片（此處用粉色的巧克力擠在花蕊上）和巧克力裝飾。

簡單的圓塔造型
與小甜塔

用傳統的圓塔取代稀有的六角造型。由於圓形模具沒有邊角，放入麵團時會更容易，推薦給初學者使用。至於改用費南雪模具做出的小甜塔，只是改變了尺寸就變得更加可愛。做成小塔時，甜塔皮的部分會變得比其他部分的比例高，香氣會更濃郁，變身為口感酥鬆的甜點。

變化食譜

Arranged recipe from Feime

中空塔圈

模具大小

直徑14cm、高2cm的中空塔圈

分量變化

和原食譜相同

Arrange Point

1 塔皮的製作方法和裝飾與原食譜一樣。因為中空塔圈比較沒高度，也沒邊角，所以鋪進麵團時厚度容易平均。

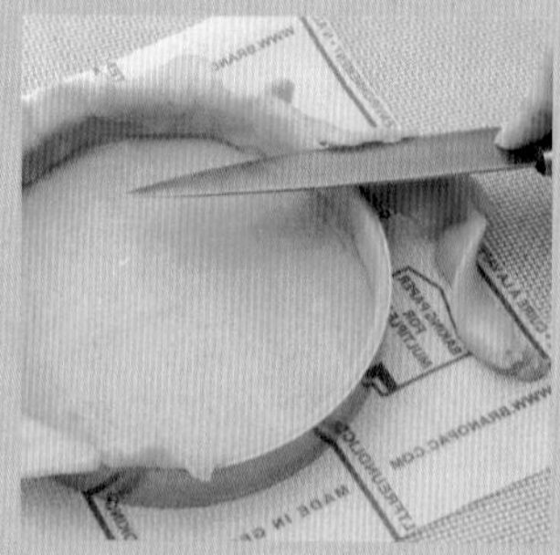

2 要切除塔皮邊時，請沿著模具邊緣平切，比用刀具切除側面來得簡單。

費南雪模具

模具大小

9.5cmx5cm的費南雪模具

分量變化

原食譜的分量可做約6個。因為杏仁奶油會剩，可以減至約8成分量。

Arrange Point

1 將甜塔皮分別延展鋪進模具中，因為尺寸小，厚度調整至2.5～3mm。沿著邊緣將多出來的塔皮切除，用叉子在底部點出孔洞。和原食譜一樣，不用預先在模具上塗奶油。

2 撒上蔓越莓，鋪上杏仁奶油。烤焙時間較短，為180℃20分鐘，直到散發香氣並呈現焦色。

3 每個放上2片草莓片，並同樣擠上2種鮮奶油。因為尺寸小，就不用大型的巧克力裝飾，只需要放上莓果類和塑形巧克力的雛菊片。

Original recipe
原食譜

Frederik

弗雷德里克巧克力蛋糕

上頭是充滿香氣的可可碎粒，蛋糕體中有香草和巧克力的雙層巴伐利亞奶油，並包夾著切碎的栗子。香甜的香草、微苦的巧克力巴伐利亞和栗子風味的組合，是非常適合秋冬下午茶的奢侈味道。

材料 直徑18cm、高4.5cm的橢圓形中空模1個

巧克力蛋糕體

- 蛋白……2顆分
- 砂糖……60g
- 蛋黃……2顆
- 低筋麵粉……52g
- 可可……12g
- 可可碎粒……適量

賓治酒（混合材料）

- 水……25g
- 蘭姆酒……15g

英式蛋奶醬

- 牛奶……90g
- 香草莢……約2cm
- 全蛋……2個
- 砂糖……30g
- 吉利丁粉……6g
（加水30g泡發）

巧克力巴伐利亞

- 英式蛋奶醬……上述取70g
- 苦巧克力（可可含量65%）……25g
- 鮮奶油（打發7分）……60g

帶皮糖漬栗子（切碎）……50g

香草巴伐利亞

- 英式蛋奶醬……剩下的全部（約90g）
- 鮮奶油（打發7分）……70g

巧克力鏡面淋醬

- 牛奶……45g
- 砂糖……25g
- 可可……10g
- 吉利丁粉……1g
（加水5g泡發）

裝飾

- 帶皮糖漬栗子……適量
- 巧克力裝飾（參考124頁）……適量
- 噴霧金粉、金箔……各適量

什麼是可可碎粒？

將巧克力原料可可豆的胚乳部位拿去烘焙後碾碎的成品。擁有香氣四溢的可可風味和清脆的口感。可作為蛋糕或巧克力上的裝飾，或混在牛軋糖裡（參考113頁），或用在烤點心中。

作法

01

烘焙巧克力蛋糕體。將蛋白放入碗中，用手提打蛋機快速地打發直到變得濃稠且有攪拌棒的痕跡後，分2次倒入砂糖，做成厚重、堅固並散發光澤的蛋白霜。

Point!

必須注意的是，如果太早加入砂糖的話會難以打發，但相反的，在加入砂糖之前就過度打發的話會使蛋白和砂糖分離無法混合。

02

加入蛋黃。從打蛋機上取下攪拌棒，用手拿著輕輕混合，但不用完全混合，如果過度攪拌，蛋黃的油脂會消除蛋白霜的泡沫，所以只要混合至深黃色的部分消失即可。

03

將低筋麵粉和可可混合後撒入。用橡膠刮刀畫「の」字型，也就是從調理碗正中央往下直切再把麵團往上翻，將全部材料混合，要攪拌至看不見粉末為止。秘訣是另一隻手也要一邊旋轉著調理碗。

Point!

過度攪拌會造成蛋白霜的泡沫消失，口感變差。如果還有一點攪拌不均勻的部分沒有關係，絕對不要混合過頭。

04

裝入口徑7mm的圓形擠花袋中，在烘焙紙上擠出26×10cm的長方形作為側面蛋糕體、比模具小一圈的橢圓形作為底部蛋糕體，還有比模具小兩圈的橢圓形作為中間蛋糕體。長方形為斜著擠，橢圓形則是從中心擠出漩渦狀，可以事先在紙上描繪出要擠的圖形以利作業。

05

在長方形上均勻撒上可可碎粒。

06

用180度的烤箱烤焙8～9分鐘，然後快速地從烤盤上拿下，放到烘焙紙上冷卻。

07

撕掉烘焙紙，切下2條4cm寬的長方形作為側面蛋糕體，首尾兩端也切平呈直線。將底部蛋糕體切成直徑約16cm的橢圓形，中間蛋糕體切成直徑14cm的橢圓形。

08

將2條長方形蛋糕體繞側面一圈，將底部蛋糕體的烘焙面朝上放入模具，用毛刷將賓治酒刷滿模具中的蛋糕體內側。

Point!

側面蛋糕體的長度稍微偏長也OK，塞得更緊實會更貼合模具。

09

製作巧克力巴伐利亞。參考29頁，製作英式蛋奶醬。撥開香草莢，用刀背刮下種子，將種子和豆莢一同放入牛奶中。最後關火，將已泡發的吉利丁加入溶解。

10

將苦巧克力放入碗中，置於磅秤上，趁英式蛋奶醬還熱時，倒入70g進碗中，用打蛋器溶解攪拌，最後將整個碗放入冰水裡，一邊混合一邊冷卻。

11

隱約出現勾芡狀時，加入打發7分的鮮奶油混合。

12

全部倒入模具中，將表面整平。

13

將帶皮糖漬栗子切成1cm的塊狀，用廚房紙巾將水分擦乾，撒在**12**上，並輕壓進去。

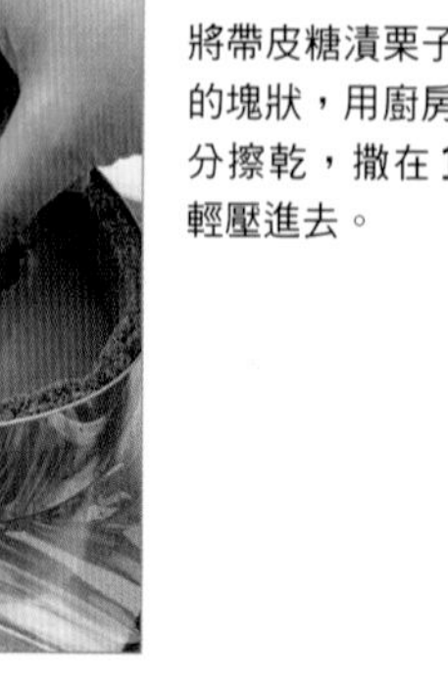

14

用毛刷將賓治酒塗在中間蛋糕體的烘焙面上，然後往正中間倒放並輕壓。

15

另一面也刷上賓治酒。在中間蛋糕體的兩面多塗一點賓治酒，會與巴伐利亞的味道更融合。

16

製作香草巴伐利亞。將剩下的英式蛋奶醬倒入碗中，放置於冰水裡冷卻並製造出勾芡。

Point!

如果勾芡不夠的話巴伐利亞會太稀，容易流進模具與蛋糕體的縫隙間。請冷卻至拿起打蛋器時奶油呈黏稠的水滴狀。

17

加入打發的鮮奶油混合，製造濃稠度。

18

平整地倒入模具中，用抹刀抹平。放進冷藏庫定型。

19

製作巧克力鏡面淋醬。在小鍋中加入牛奶、砂糖和可可，轉中火，用打蛋器攪拌，溶解可可。

20

改用耐熱的橡膠刮刀，一面攪拌一面煮，不要讓食材燒焦。沸騰後也繼續攪拌，煮到分量開始有些減少後取下。標準為煮沸後再加熱20～30秒。

21

等到不再沸騰冒泡後，加入已泡發的吉利丁溶解。用篩網過濾，去除結塊。連同調理碗放置在冰水中，一邊攪拌一邊冷卻，直到稍微呈勾芡狀。

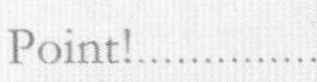

因為之後要淋在冰過的蛋糕上，所以只要稍有勾芡即可，不用太濃稠，到時較好推開。需注意如果太濃稠的話容易凝固。

22

將巧克力鏡面淋醬倒在**18**上。

23

快速地用抹刀推開，不要來回抹，而是一口氣抹至邊緣。冰到冷藏庫約5分鐘，讓鏡面淋醬定型。動作慢的話淋醬就會凝固，無法漂亮地延展，要盡可能地快速。

24

參考126頁，輕輕地拔除模具。

25

將帶皮糖漬栗子切成適當的大小，放置數個在蛋糕上。將巧克力裝飾直立放置靠在栗子旁，顯現立體感，再用噴霧金粉裝飾，並在鏡面淋醬上妝點金箔。

變化食譜

Arranged recipe from Frederik

模具大小

直徑5.5cm、高5cm的圓形圈模

分量變化

原食譜的分量可做6個。因蛋糕體的厚度不同，巴伐利亞奶油會剩下一些。

Arrange Point

1 在巧克力蛋糕體的部分，擠出26×18cm的長方形作為側面蛋糕體。不要擠斜線，而是擠直線，撒上可可碎粒。擠出6個直徑為4cm的圓形作為底部蛋糕體。因為體積較小，所以不需要中間蛋糕體。同樣於烤焙後，將側面蛋糕體切成6條4×16.5cm的長方形，底部蛋糕體則用模具壓出直徑3.8cm的圓形，也可以用刀具切。

2 因為體積小，所以將蛋糕體放入模具時會有點辛苦，注意不要讓可可碎粒散落，稍微向內縮會比較好放入。若能塞得緊實並貼合模具，成品會更美觀。

3 底部蛋糕體也是烤焙面朝上放入，在蛋糕體內側塗上賓治酒，因為是小蛋糕所以輕刷即可。

4 將巧克力巴伐利亞倒入6個模具中，再放入切成1cm塊狀的帶皮糖漬栗子。倒入香草巴伐利亞，用抹刀抹平。

5 因為面積小，鏡面淋醬比較好倒，推開時要迅速。巧克力裝飾也需配合蛋糕的尺寸。

簡單的圓形小蛋糕

當要做一人分的小巧尺寸時，如果和原食譜做相同造型的話，蛋糕體的比例會太高，沒有空間倒入巴伐利亞。因此我們省下中間的蛋糕體，藉此調配整體的平衡。

Elin

芒果生乳酪

閃亮的黃色鏡面果膠包裹著芒果生乳酪，內餡是香橙果醬，滋味清爽，彷彿夏季。用矽膠模具就能做出像擺在甜點店中的時尚蛋糕，這種甜點的魅力不僅在於外表美麗，淋上鏡面果膠時也比較容易。

材料 直徑6.5cm的石頭蛋糕矽膠模具4個

甜塔皮（此處只使用1/2量）

- 無鹽奶油……35g
- 糖粉……25g
- 蛋黃……1顆
- 低筋麵粉……70g

芒果生乳酪

- 奶油起司（回歸常溫）……60g
- 砂糖……25g
- 原味優格……30g
- 芒果泥……55g
- 吉利丁粉……3g
  （加水15g泡發）
- 鮮奶油（打發7分）……60g

香橙果醬……35g

芒果鏡面果膠

- 芒果泥……15g
- 鏡面果膠（非加熱型）……70g
- 吉利丁粉……4g
  （加水20g泡發）

裝飾

- 巧克力裝飾（參考124頁）……適量
- 塑形巧克力之雛菊片（參考126頁）……適量

什麼是鏡面果膠？

透明果凍狀，塗在慕斯或巴伐利亞的表面上可以防止乾燥並散發美麗光澤，和果泥或果醬混合時也能增添色澤，能夠冷凍保存。這裡使用的是非加熱型，與加熱融化後使用的「加熱型鏡面果膠」是不同的東西，購買時請注意。

事前準備

請參考127頁製作甜塔皮，並置於冷藏庫1小時以上。奶油起司放置於常溫中變軟。

作法

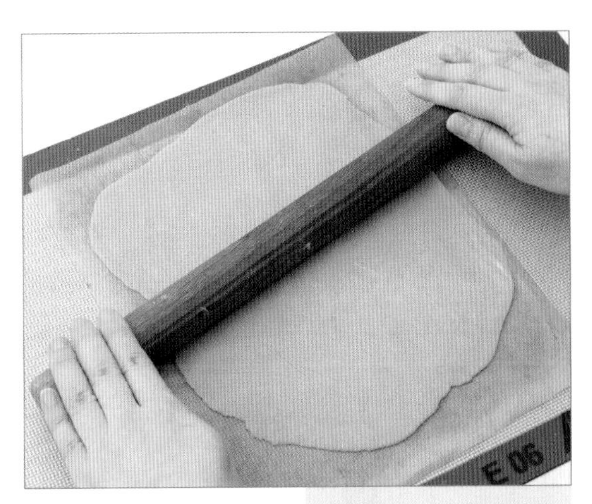

01

將甜塔皮麵團放在烘焙紙或料理紙上，一邊撒上麵粉（分量外），一邊用擀麵棍延展成3mm厚的圓形。連同烘焙紙一起冷卻，以緊實麵團。

Point!……

緊實麵團後再剝離烘焙紙，就能用模具壓出美麗的形狀。

02

暫時將麵團從烘焙紙上撕下，然後重新放到烘焙紙上，用直徑7cm的菊花型模具壓出形狀。如果直接壓模的話，麵團會黏在紙上難以剝除。

03

將麵團放到烤盤的烤墊上（參考43頁），用180度的烤箱烤10分鐘，直到全體呈現焦色。如果沒有烤墊，也可以就這樣放在烘焙紙上，並用叉子在底部均勻地點出孔洞再烤焙。

04

製作芒果生乳酪。攪拌奶油起司，直到呈平滑的奶油狀，再依序加入砂糖、優格、芒果泥，每次加入時一一混合攪拌。

05

將泡發的吉利丁用微波爐加熱溶解，倒入攪拌。加入打發7分的鮮奶油，均勻地混合。

06

將芒果生乳酪倒入模具中，呈半分滿，並用模具敲打檯面以去除氣泡。

Point!

如果不進行敲打的話，有時從模具拿出來時表面會有巨大氣泡。

07

用湯匙背面將生乳酪抹平至緣側。

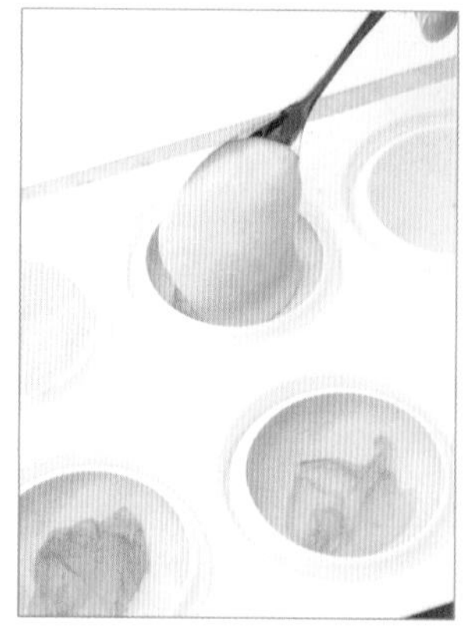

08

將香橙果醬分成4等分擺在正中央，倒入剩下的芒果生乳酪，將模具填滿。

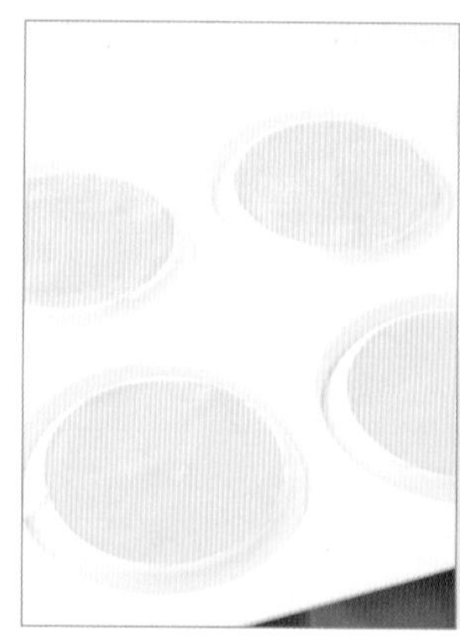

09

將表面抹平，放入冷凍庫中直到完全冷卻凝固。

Point!

用矽膠模具時，如果不完全冷凍凝固的話，會無法將成品從模具中漂亮地取出（參考43頁）。

10

製作芒果鏡面果膠。將芒果泥放入小鍋中，轉中火，煮到稍微沸騰。

Point!

因為芒果酵素會使吉利丁難以凝固，所以先煮沸讓酵素喪失作用。

11

關火，加入泡發的吉利丁，用餘熱使之溶解。加入鏡面果膠均勻混合，混合時注意不要產生氣泡。

12

連同調理碗放入冰水中，慢慢地攪拌直到呈勾芡狀。

Point!

標準為勾芡明顯、具有黏性。如果沒有勾芡的話，淋到生乳酪上時果膠會流失，無法做出美麗的成品。

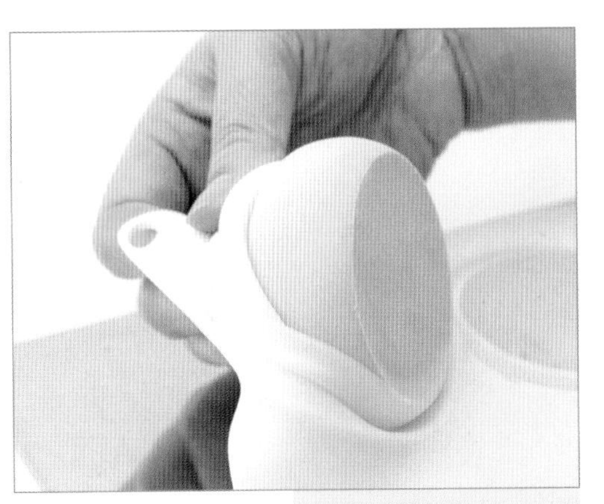

13

反押模具，取出9。

Point!

將生乳酪從模具拿出後，如果沒有要馬上作業，就放到保鮮盒裡，冰到冷藏庫。因為長時間放置在常溫中會結霜，難以塗上鏡面果膠。

14

在烤盤或托盤上放置網格，將冷凍的生乳酪分開放好。用湯勺舀出芒果鏡面果膠，淋在上面，讓多餘的果膠滴落。

Point!

一口氣將果膠大量的淋在生乳酪上，果膠就會自然地順勢滑落，即能均勻地包覆生乳酪，而非分段淋上去。需仔細確認是否有沒有包覆到的地方。

15

使用2把抹刀，將生乳酪放到甜塔皮的中央。

16

擺上巧克力裝飾和塑形巧克力的雛菊片。

圓形圈模

模具大小

直徑6cm、高3cm的圓形圈模

分量變化

原食譜的分量可做約4個

Arrange Point

1 因為圈模沒有底，所以先在托盤上鋪上保鮮膜，再放上模具，製作方法和原食譜相同。

2 在步驟**5**要加入鮮奶油前，可以先稍微冷卻讓材料變得較濃稠，能預防生乳酪從模具底部溢出。使用圈模的話，即使以冷藏取代冷凍也能取下模具，但是冷凍的話比較容易淋上果膠。要脫模時，請將模具周圍加溫再拔除（參考126頁）。

3 用抹刀將芒果生乳酪的邊緣下壓，抹平直角，淋上果膠時就會平整。

4 因為側面是垂直的，所以比起石頭蛋糕造型更難淋上果膠。大量淋上果膠後，要確認是否連最下面都有覆蓋到，之後才能移到塔皮上進行裝飾。如果果膠不夠濃稠，淋上去後太稀薄，就會容易不平整。

六角形模具

模具大小

直徑6cm、邊長3cm、高4cm的六角形模具

分量變化

原食譜的分量可做約4個。因為鏡面果膠只是塗在表面，所以也可以使用非加熱型的鏡面果膠30g與芒果泥6g的混合物。

Arrange Point

1 和圓形圈模一樣，製作時將保鮮膜當作模具底部。

2 在取下模具前，用抹刀塗上加了芒果泥的鏡面果膠。參考126頁脫模。即使不先拔除模具，移到塔皮上再脫模也是可以的。將巧克力裝飾插上去，更顯立體，放上半片蜜漬金柑（市售品），再以塑形巧克力的雛菊片裝飾。

活用手邊的模具

即使不用最新的矽膠模具，使用平常的金屬模具也一樣能製作這道甜點。使用圈模時，因為邊緣會出現直角，淋上鏡面果膠時要花點工夫。尤其使用邊角較多的六角形模具時，鏡面果膠很難漂亮地覆蓋上去，所以這裡推薦的方法是只要將果膠塗在表面就好。

Dez-Lee

巧克力閃電

巧克力慕斯與柑橘醬的經典組合。這款細長形的蛋糕深受甜點師的歡迎，是當前流行的造型。如果改用散發光澤的牛奶巧克力鏡面淋醬包覆蛋糕，成品會更顯出色。基底和擺放的裝飾為巧克力甜塔皮，酥鬆的口感是品嚐時的重點。

材料 長13cm的閃電泡芙矽膠模具7條

巧克力甜塔皮

- 無鹽奶油 35g
- 糖粉 25g
- 蛋黃 1顆
- 低筋麵粉 65g
- 可可 10g

巧克力慕斯

- 砂糖 20g
- 蛋黃 1顆
- 牛奶 105g
- 吉利丁粉 3g
（加水15g泡發）
- 甜巧克力（可可含量55%，切碎） 80g
- 刨碎的橘子皮 1/4顆
- 鮮奶油（打發7分） 135g

柑橘醬（低糖） 56g

歐蕾鏡面淋醬

- 砂糖 60g
- 水飴 50g
- 水 35g
- 鮮奶油 45g
- 吉利丁粉 5g
（加水25g泡發）
- 牛奶巧克力 70g

裝飾

- 金箔 適量

閃電泡芙模具是？

由義大利公司Silikomart所販售，一組包含了矽膠模具和壓模，其中一個壓模就有大與小兩種尺寸。

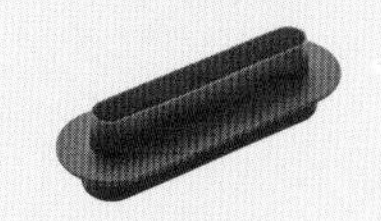

事前準備

請參考127頁製作巧克力甜塔皮，此處製作時將可可與低筋麵粉一同加入，並放置於冷藏庫1小時以上。

作法

Point!

先緊實麵團，壓模時就能切出美麗的形狀。

01

將巧克力甜塔皮麵團放在烘焙紙或料理紙上，一邊撒上麵粉（分量外），一邊用擀麵棍延展成3mm厚。將麵團夾在2片烘焙紙中，放到冷藏庫冷卻，以緊實麵團。撕下2片烘焙紙，再放到烘焙紙上，用壓模切出大和小各7片。

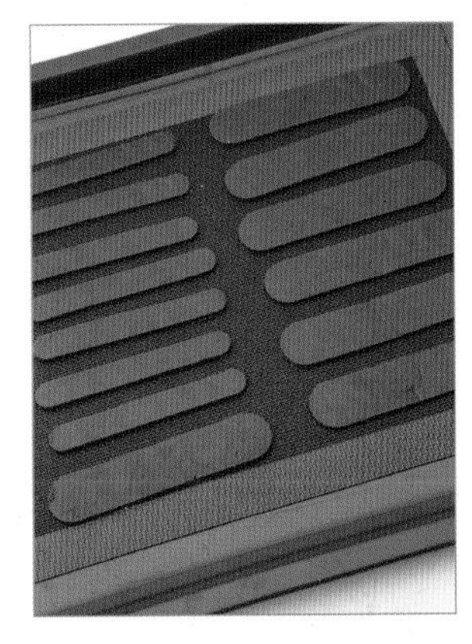

02

將麵團放到烤盤的烤墊上（參考43頁），用180度的烤箱烤10分鐘。如果沒有烤墊，也可以就這樣放在烘焙紙上，並用叉子在底部均勻地點出孔洞再烤焙。

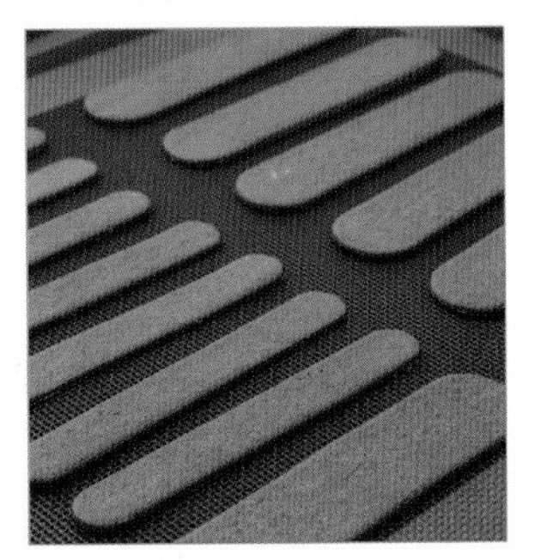

03

因為烤好的塔皮細長且易裂，冷卻後要輕輕地從烤墊上拿下來。

04

製作巧克力慕斯需要的英式蛋奶醬。將打好的蛋黃和半分砂糖倒入碗中，用打蛋器混合。將剩餘的砂糖和牛奶混合煮沸，再將一半的牛奶慢慢地倒入碗中攪拌。

05

改拿橡膠刮刀，倒回牛奶鍋中。轉最小火，慢慢地一邊混合一邊加熱。

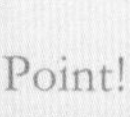

06

呈糊狀時立即關火，標準為82～83度。

Point!......................

需注意，加熱過頭的話蛋黃會凝固結塊；反之，加熱不足的話會留有蛋黃的腥臭味。

07

馬上加入泡發的吉利丁，利用餘熱溶解。快速加入可以讓吉利丁溶解得更順利，也能防止餘熱影響蛋奶醬。

08

將切碎的巧克力放入碗中，將**7**分2次倒入，每次都仔細攪拌，融化巧克力。

09

加入刨碎的橘子皮。白色的部分會有苦味，所以只要刨橘色的表皮即可。

10

將碗放入冰水中，一邊混合一邊冷卻。但不要過度冷卻，會變得太黏稠，放涼即可。

11

分2次加入打發7分的鮮奶油，均勻地混合。

12

放入擠花袋中，在模具中擠出7條8分滿的慕斯。壓著模具擠的話，比較不容易產生氣泡。

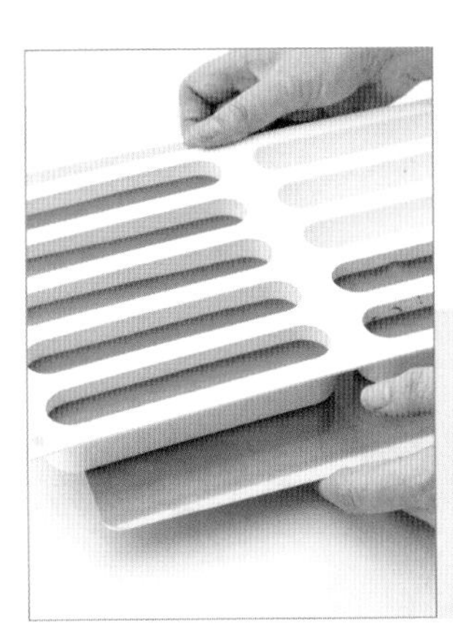

13

用模具輕敲檯面，消除氣泡。

Point!

如果在步驟**10**冷卻過頭，或是隔了很久才放入模具中的話，慕斯就會因為低溫而變得黏稠，容易產生大氣泡或孔洞。

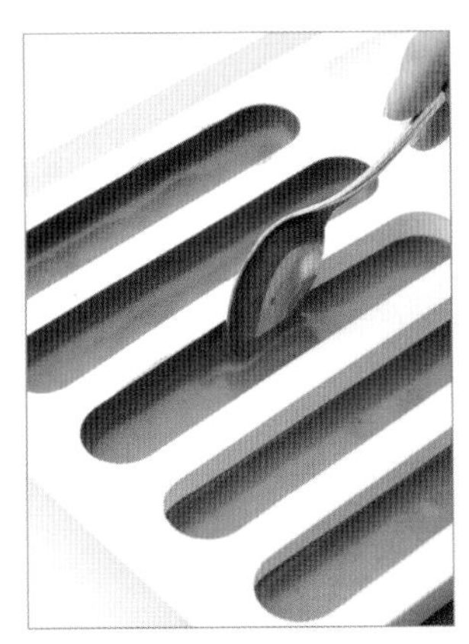

14

用湯匙背面將慕斯抹平至邊緣，讓正中間呈凹槽狀。

15

將柑橘醬細細切碎。

16

將**15**放入擠花袋中，花嘴剪7～8mm。在每條慕斯的正中央擠8g。

17

擠完剩下的慕斯，並用抹刀抹平。放入冷凍庫完全冷凍。

18

製作歐蕾鏡面淋醬。將砂糖、水飴、水、鮮奶油放入鍋中，一邊攪拌一邊轉中火。加入水飴能讓顏色更光澤，並產生適度的勾芡。

19

當水飴融化、冒泡沸騰時關火，加入泡發的吉利丁，用餘熱使之溶解。

20

將切碎的巧克力放入碗中，倒入1/4的量，用打蛋器混合。不用完全融化，只要攪拌到材料不再產生變化後，就可再倒入1/4的量。

Point!

每一次倒入液體時，都要仔細與巧克力混合，否則會產生分離，做不出具有光澤感的鏡面淋醬。

21

每次都倒入1/4的量混合，倒完後就能完成閃亮的歐蕾鏡面淋醬。冷卻後可以冷凍保存，解凍時用微波爐加熱溶解。

22

將碗放入冰水中，輕輕地用橡膠刮刀攪拌冷卻，直到出現勾芡。需注意，如果攪拌的動作太大會產生氣泡。

Point!

如果淋醬沒有出現勾芡的話，即使淋在慕斯上也會流失，無法包裹住蛋糕；如果不小心攪拌得太濃稠，就稍微加熱重新溶解。請調整至剛好的濃度。

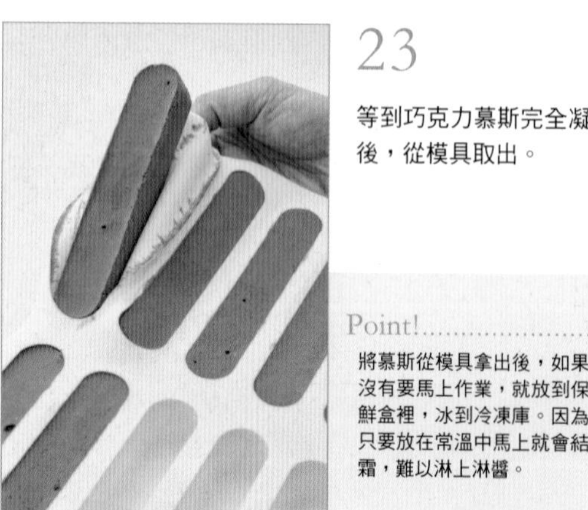

23

等到巧克力慕斯完全凝固後，從模具取出。

Point!

將慕斯從模具拿出後，如果沒有要馬上作業，就放到保鮮盒裡，冰到冷凍庫。因為只要放在常溫中馬上就會結霜，難以淋上淋醬。

24

在烤盤或托盤上放上網格，將慕斯蛋糕分開放好。用湯勺舀起歐蕾鏡面淋醬，大量淋在慕斯上，讓多餘的淋醬自然滴落。

Point!

一口氣將淋醬大量的淋在慕斯上，淋醬就會自然地順勢滑落，即能均勻地包覆慕斯，而非分段淋上去。需仔細確認是否有沒有包覆到的地方。如果淋醬不夠濃稠，做出來的成品就會不漂亮，表層會像示意圖一樣稀薄。

25

使用2把抹刀將慕斯放到大的巧克力甜塔皮上。因為基底很細長，放的時候要對準正中間。

26

將小的巧克力甜塔皮輕輕地放到表層正中央，有網格的那面朝上。如果沒有用烤墊的話，則是烤焙面朝上。

27

將剩下的歐蕾鏡面淋醬調整成和**22**一樣的濃度，放入塑膠擠花袋中，在尖端剪出小小的開口，在**26**上面擠出水珠狀，再以金箔點綴。

3種不同造型的小蛋糕

這款甜點的魅力就在於組合簡單，所以很容易變換造型，使用各種不同的模具，就能盡情且自由地變換外觀。此處我使用的是簡單的圓形圈模和時尚的矽膠模具，同時稍微改動了上頭的裝飾。

變化食譜

Arranged recipe from Dez-Lee

模具大小

直徑6cm、高2.5cm的中空圈模
利用簡單的圓形中空圈模做出經典的變化。因為慕斯邊緣是直角，所以淋鏡面淋醬時需要花點心思注意不要出現邊角。用6.5～7cm的菊花形壓模製作基底的巧克力甜塔皮。

分量變化

原食譜的分量可做約7個。

Arrange Point

1 因為圈模沒有底，所以先在托盤上鋪上保鮮膜，再倒入慕斯，和原食譜一樣加入柑橘醬。完全冷凍後，參考126頁將模具周圍加溫後輕輕拔除模具。

2 用抹刀將慕斯的邊緣下壓，抹平直角，淋上鏡面淋醬時就會平整。

3 淋完淋醬後，用抹刀輕輕抹平表面，確認是否連最下面都有覆蓋到。

4 將淋醬倒入擠花袋中，在尖端剪出缺口，在蛋糕上斜擠出細長的線，再放到基底上。擺上金箔。

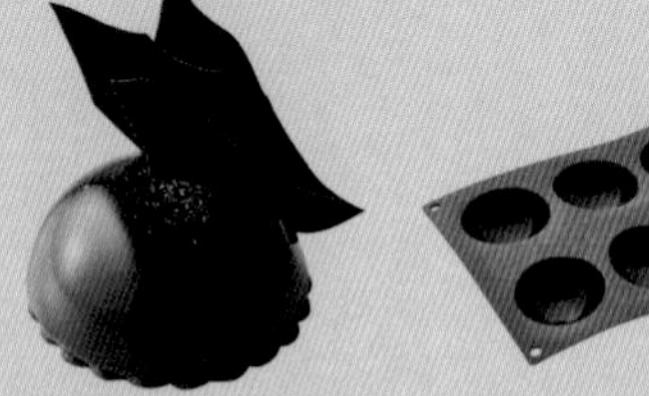

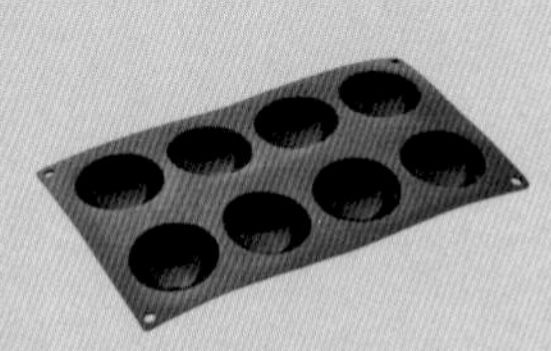

模具大小

直徑6cm的半圓形矽膠模具
半圓形較易淋上鏡面淋醬。和原始譜相同，使用矽膠模具時，倒入慕斯後別忘了用模具輕敲檯面，等完全冷凍後才能將慕斯從模具中拿出。用6.5～7cm的菊花形壓模製作基底的巧克力甜塔皮。

分量變化

原食譜的分量可做約9個。
用巧克力鏡面淋醬取代歐蕾鏡面淋醬的話，色澤會改變，也能享受到微苦的滋味。食譜可參考16頁，準備2倍的量。

Arrange Point

1 用巧克力鏡面淋醬取代歐蕾鏡面淋醬，參考16頁製作2倍分量，同樣使用時需冷卻調整至適當的濃度。不夠濃稠的話淋上去會太稀薄，過於濃稠又會淋太厚。

2 在離慕斯稍高的地方畫一圈，均勻地淋下大量淋醬，讓多餘的淋醬自然滴落。移至基底的巧克力甜塔皮上。

3 為了強調高度和分量，可以插上巧克力片（參考124頁），再使用金箔噴霧。

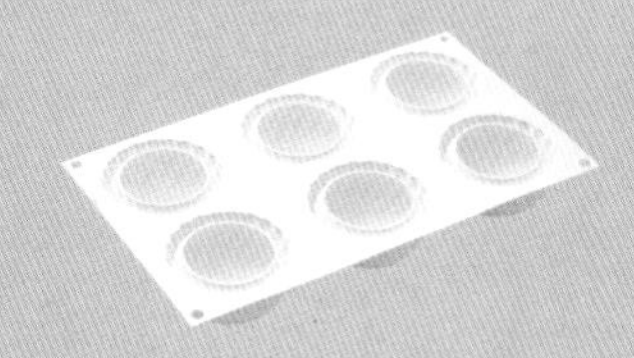

模具大小

直徑7cm武士矽膠模具
由義大利Silikomart所販售的經典模具，模具側面刻有紋路。由於表面是平的，所以很適合放上水果等裝飾，此處我會擠上鮮奶油來強調分量感。
用6.5～7cm的菊花形壓模製作基底的巧克力甜塔皮。

花嘴尺寸

裝飾用星形花嘴。
使用8齒的大號星形花嘴，就能做出分量十足的豪華裝飾。此處使用的是10號以上的花嘴。

分量變化

原食譜的分量可做約5個。因為尺寸稍大，所以每個蛋糕的柑橘醬分量要增加至10g，才能達到口味平衡。

裝飾用咖啡鮮奶油的分量

即溶咖啡粉	2g	鮮奶油	100g
水	適量	砂糖	8g

Arrange Point

1 和使用半圓形模具的食譜相同，在慕斯完全冷凍凝固後脫模。

2 在離慕斯稍高的地方畫一圈，均勻地淋下調整過濃度的大量淋醬，讓多餘的淋醬自然滴落。移至基底的巧克力甜塔皮上。

3 製作咖啡鮮奶油。用極少量的水溶解即溶咖啡粉，和鮮奶油、砂糖一起打發至堅挺的8分。如果奶油不夠堅挺，擠花時容易失敗垂落。

4 將奶油放入星形花嘴的擠花袋中，在慕斯中心像畫小圓般直直擠出奶油。如果緊鄰著慕斯擠的話會沒有分量感，花嘴要稍微浮在慕斯上方，讓奶油像滴落般，才能擠出立體感。

5 以具有立體感的巧克力裝飾（參考124頁），將巧克力插入鮮奶油和慕斯中間才不易倒塌。以烘焙過的榛果和金箔點綴。

Original recipe
原食譜

Saint-honoré aux bananes

香蕉聖多諾黑

在派皮上擺放裹有焦糖的小泡芙，再擠滿卡士達醬和鮮奶油，這就是「聖多諾黑」。傳統的法式作法會以圓蛋糕為基底，但最近能在甜點店中看到許多新款式，無論是變成一口點心，還是用花俏的翻糖取代焦糖。此處我用較易切割的長方形取代傳統造型，並將泡芙做得更小一點以達到平衡，能給人更精巧的印象。

材料 約24×10cm的長方形模具1個

酥派皮

- 高筋麵粉……25g
- 低筋麵粉……25g
- 鹽……2g
- 砂糖……7g
- 無鹽奶油……25g
- 冷水……13g

泡芙

- 無鹽奶油……20g
- 水……35g
- 鹽……一撮
- 低筋麵粉……25g
- 全蛋（尺寸L）……約1顆

卡士達醬

- 牛奶……125g
- 香草莢……約2cm
- 蛋黃……1顆
- 砂糖……30g
- 低筋麵粉……8g
- 蘭姆酒……3~4g

焦糖醬

- 細砂糖……60g
- 水……20g

香蕉……1大條

鮮奶油

- 砂糖……10g
- 鮮奶油……120g

巧克力裝飾（參考124頁）……適量

金粉……適量

作法

01

參考127頁製作酥派皮，並在冷藏庫冰1小時以上。將麵團夾在較厚的塑膠袋或烘焙紙中間，用擀麵棍延展成厚2～3mm、尺寸25×11cm，冰在冷凍庫1小時以上。

02

將兩面的塑膠袋或烘焙紙撕下，重新放到烘焙紙上。將四邊切齊，用叉子將整體均勻地點出孔洞，冰到冷藏庫。

Point!

因為酥派皮烤焙時很容易回縮，所以延展後還要靜置一次才能進行烤焙。點出孔洞也是為了防止回縮。

03

製作泡芙。在鍋中倒入奶油、水、鹽，開火，煮到充滿白色泡沫後關火。

04

將低筋麵粉全部倒入，用木刮刀攪拌至沒有粉末為止。

Point!

因為是在鍋子還熱時就倒入麵粉，不趕快攪拌的話很容易就會結粉塊，所以麵粉不要分次加入，要一次加完。

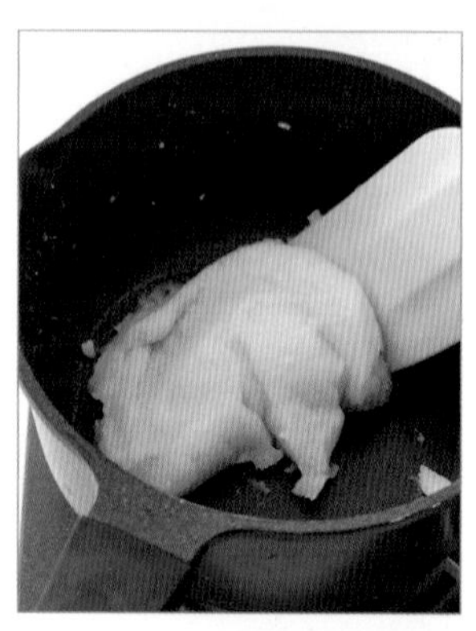

05

攪拌至沒有粉末，成為一團塊。

06

再次轉弱火，一邊攪拌，一邊加熱20～30秒。將鍋子拿起來，用鍋底碰水約1分鐘以散熱。

Point!

無論是加熱不足或是加熱過頭，都讓泡芙變得不好膨脹。

07

將打好的全蛋分4次加入，每次加入時都要混合攪拌。

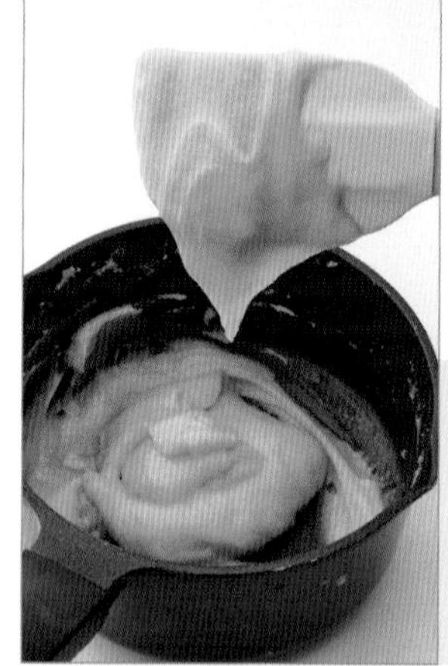

08

請將濃度固定在拿起刮刀時麵團會慢慢滴落，下墜時形成三角形的程度。即使沒有將蛋汁全部加完也沒有關係。

Point!

蛋太少時麵團會比較硬，即使烤焙也不會膨脹。相反的，蛋太多時也會因為鬆弛難以發脹，所以一定要一邊確認狀態一邊加入蛋汁。

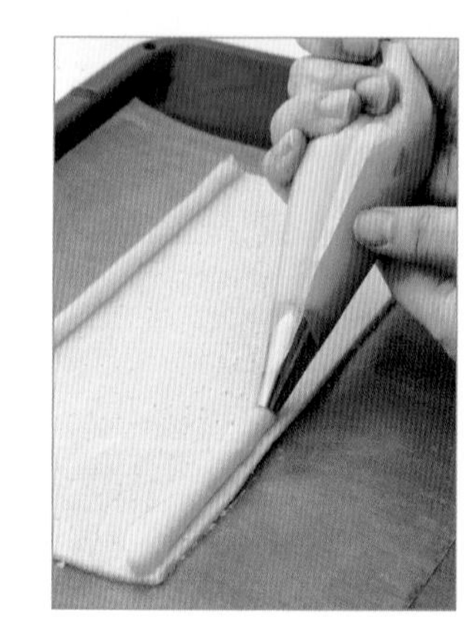

09

放入8mm圓形花嘴的擠花袋中，沿著**2**的兩側擠直線。技巧是擠的位置要比酥派皮的邊緣再向內5mm。不要擠出緣側。

10

將剩下的麵團擠成許多直徑為2cm的小泡芙，注意不能擠太大。因為裝飾時會選擇好看的使用，所以盡可能地多擠一些。

11

用水將叉子輕輕沾濕，再用叉子平壓基底上的泡芙麵團以及小泡芙的表面。透過輕壓的動作，烤焙時更容易均勻膨脹。一邊沾濕叉子一邊作業，麵團就比較不會黏在叉子上。

12

用190度烤箱烤20～25分鐘，置涼。選擇形狀大小較一致的16～18個泡芙。

13

參考127頁製作卡士達醬。完全冷卻後用橡膠刮刀輕輕攪拌，加入蘭姆酒混合。

14

製作焦糖醬。用鍋子將砂糖和水煮沸，當要出現焦色時，旋轉鍋子直到出現均勻的焦糖色為止。即使關火後，餘熱還是會讓顏色變得更深，所以一旦出現黃褐色時就要關火，以免煮過頭。之後要趁焦糖醬尚未凝固時儘快作業，如果焦糖醬不小心凝固了，就再加熱溶解。

15

用焦糖醬沾在小泡芙的上面。

16

焦糖面朝下，將泡芙放在烤墊或烘焙紙上，讓焦糖醬平整地凝固。

17

將泡芙從烤墊上撕下來，用刀具在背面切出1cm大的空洞。

18

將卡士達醬裝到擠花袋中，在尖端剪出小缺口，將卡士達醬擠進泡芙中。溢出來的奶油可用刀背刮除。剩餘的卡士達醬先放一旁。

19

泡芙底部也沾取少量的焦糖醬，將泡芙貼在基底的兩側，不留空隙。

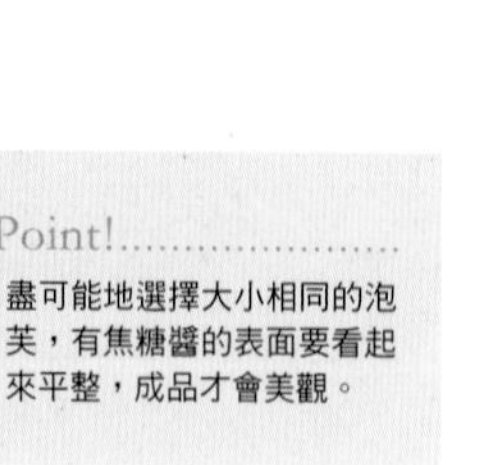

Point!

盡可能地選擇大小相同的泡芙，有焦糖醬的表面要看起來平整，成品才會美觀。

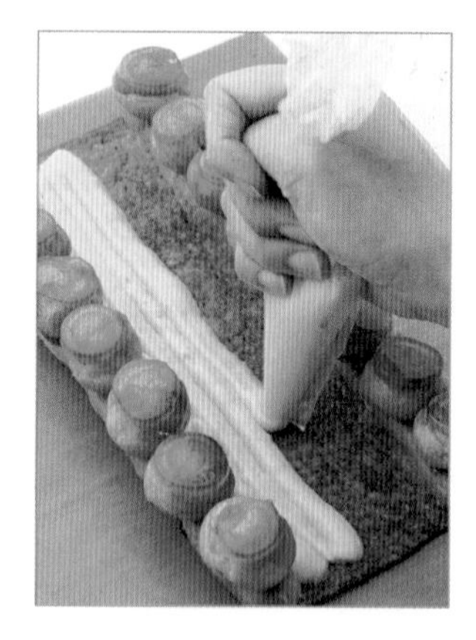

20

將剩餘的卡士達醬平整地擠在正中間，擠花袋的缺口可以剪得再寬一些會更好作業。

21

將香蕉切成8～10mm厚的薄片，鋪滿在蛋糕上並輕壓。

22

將砂糖加入鮮奶油中，打發至堅挺，再全部倒入聖多諾黑花嘴的擠花袋中，像是要蓋住卡士達醬般在中央擠出波浪。因為途中不能停下來，要一鼓作氣擠完，所以擠花袋請使用能夠裝入全部奶油的尺寸。之後再隨機插入巧克力裝飾並撒上金粉。

Point!

垂直拿著擠花袋，花嘴部分則稍微向前傾斜，擠的時候左右搖擺並一口氣擠完。盡量不要留有空隙。

變化食譜

Arranged recipe from

Saint-honoré aux bananes

變化食譜

Arranged recipe from

Saint-honoré aux bananes

用擠花將傳統圓蛋糕變得時尚

這是傳統圓造型的聖多諾黑。將泡芙貼在緣側，內側用圓形花嘴及星形花嘴擠出白和咖啡2種顏色的奶油，就能將傳統造型變成現代風格。

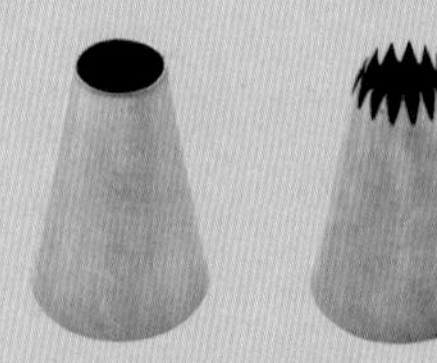

花嘴尺寸

1cm的圓形花嘴、16齒的星形花嘴

分量變化

原食譜的分量可做約1個。用微量蘭姆酒溶解1g即溶咖啡粉，加入一半分量的鮮奶油中。

Arrange Point

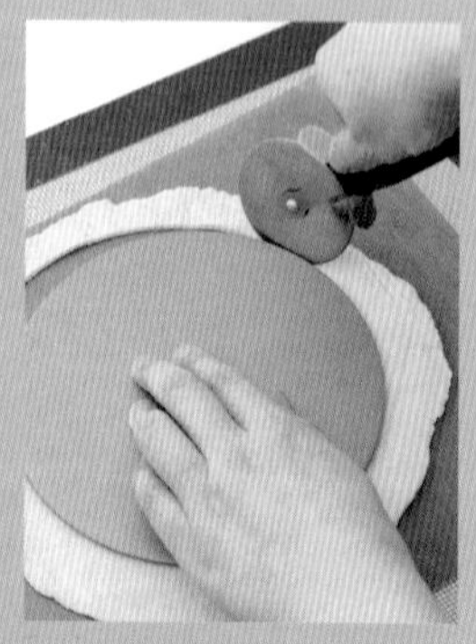

1 一邊撒上麵粉（分量外）一邊用擀麵棍將作為基底的酥派皮延展成厚2mm、直徑17cm的圓形，放到冷藏庫1小時以上。用叉子點出孔洞，切下直徑16cm的圓形，利用中空圈模或模具底部能更容易切出圓形。

2 在距離酥派皮緣側約5mm處擠一圈泡芙麵團，剩下的擠成直徑2cm的泡芙，和原食譜一樣烤焙。

3 和原食譜相同，將卡士達醬擠入泡芙內，沾上焦糖醬，貼在基底的緣側上。正中間則擠上剩餘的卡士達醬，放上香蕉薄片後輕壓。

4 將砂糖和鮮奶油打發至8分，將一半分量放入1cm圓形花嘴的擠花袋中，擠成大小不一的奶油球。用微量蘭姆酒溶解1g即溶咖啡粉，加入剩下的鮮奶油中混合，放入16齒的星形花嘴中，擠在剩餘的空隙裡。以巧克力片、對半切的烘焙榛果和金箔裝飾。

column

最新的造型不再是夢想

新世代的器具們

烘焙器具與日進化，人們不斷開發出新造型和便利的工具。以前只有專家才買得到的困難器具，如今在網路上就購買得到，即便是一般家庭也能做出甜點店陳列的最新造型。讓我們一起來使用專家們愛用的夢幻器具，嘗試挑戰最時尚的造型吧！

矽膠模具

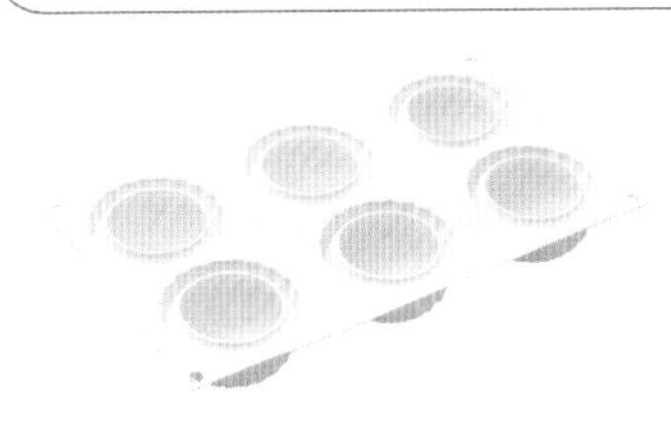

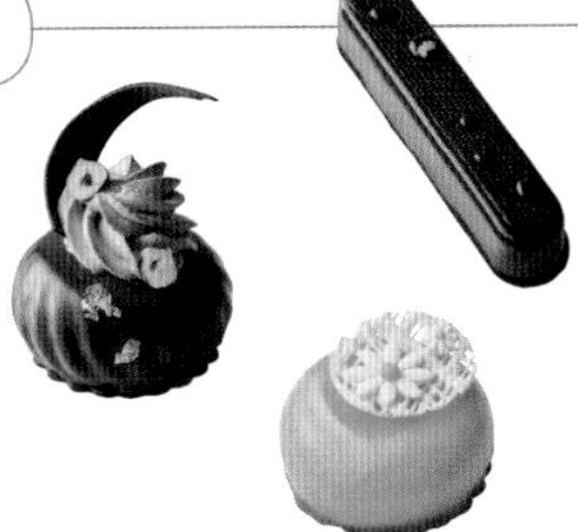

使用於22頁、28頁等

從以前到現在都有所謂矽膠模具，但最近由於矽膠的柔軟度提升，模具開口比起一般模型更為小巧，就能發展出更自由且有趣的造型模具。

製作慕斯或巴伐利亞等濕軟蛋糕時，蛋糕不易從模具中取出，所以將麵團倒入模具後要確實去除空氣，並且完全冷凍後再取出。

變化造型的中空模

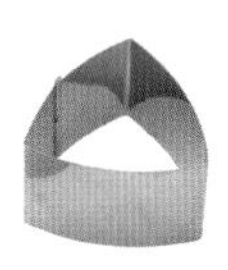

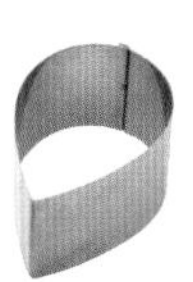

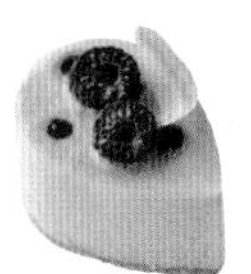

使用於63頁、67頁等

即便是組合簡單的甜點，只要使用變化造型的模具來製作，就會給人更厲害的印象。只是變化造型通常有邊角或是較細緻的部分，脫模時需注意邊緣是否有受傷，也不能有氣泡。

新型的星形花嘴

使用於33頁、41頁、93頁等

星形花嘴和鮮奶油形影不離，花嘴有各種尺寸，最近流行的是齒數較多、尺寸較大的花嘴。齒數較多的花嘴，能夠完成細緻的擠花作業，而尺寸較大的花嘴則能一次擠出大分量的奶油。要美麗地擠出奶油，其秘訣在於花嘴要稍微浮在空中，而且擠的線不能中斷。

烤墊

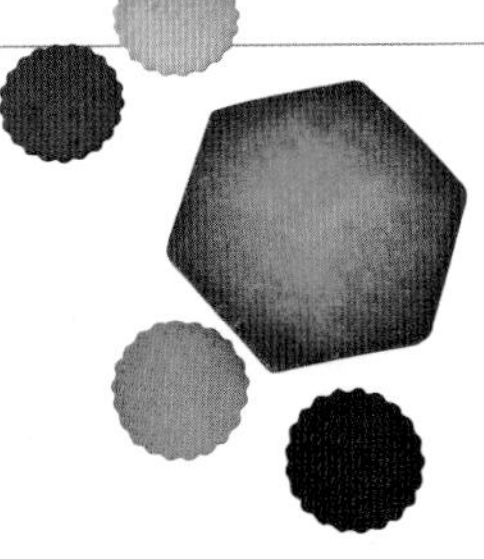

即使不為麵團點開孔洞也能烤焙，烤好的成品表面會很美麗也是其魅力所在。背面則會有網狀的格子紋路。

使用於8頁、22頁、29頁等

和以前的烘焙紙不同，這是網狀的揉麵墊。材質為玻璃纖維，再以矽膠包裹，多餘的油脂會從網眼滴落，用烤墊烘焙餅乾或是用塔圈製作的塔，都會特別酥鬆。

由於蒸氣也會從網眼散逸，即使不為麵團點開孔洞去除空氣，麵團也不會膨脹，烤焙出來的成品會比較平坦，但是不適合用在烤焙如馬卡龍等柔軟的麵團。

Flavor

Step 2

平衡比例是美味的秘訣

改變成自己喜歡的口味

當大家看著食譜時，一定會有不少人想說：「我沒有這項材料，能不能改成別的材料？」、「比起覆盆莓我更喜歡草莓，想要改變一下。」書籍所介紹的食譜，製作時都有仔細思考過整體味道的平衡，所以有時我們只改變一種材料或許能製作成功，但有時若沒有調整其他比例，則會使味道失去平衡，甜點變得難以下嚥。為了製作出既美味自己又喜歡的蛋糕，這個章節便是介紹味道的組合方式，以及平衡口味的技巧。

改變麵團和奶油的味道

最輕鬆變換味道的方法，就是改變加到麵團或奶油裡的材料味道。舉例來說，在原味的海綿蛋糕麵團中，加入少量的伯爵茶茶葉或即溶咖啡，也不用調整其他材料的比例，十分簡單就能散發風味。如果將同一款味道加入配合蛋糕的鮮奶油中，更能提升風味。

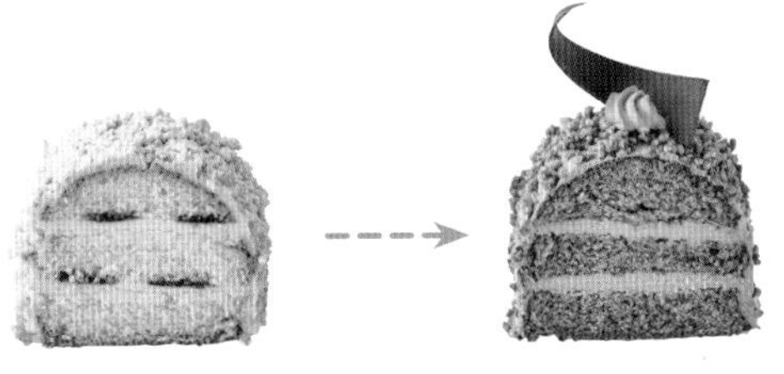

若在原味的海綿蛋糕麵團和鮮奶油中加入咖啡粉，立刻就變成咖啡口味的蛋糕。

改變慕斯的味道

只要改變使用的果泥種類，就能簡單地改變水果慕斯的味道。但是這必須考慮到味道的合適程度，需要做出些微調整，像是改變內餡材料或增加酸味以達到味道的平衡。

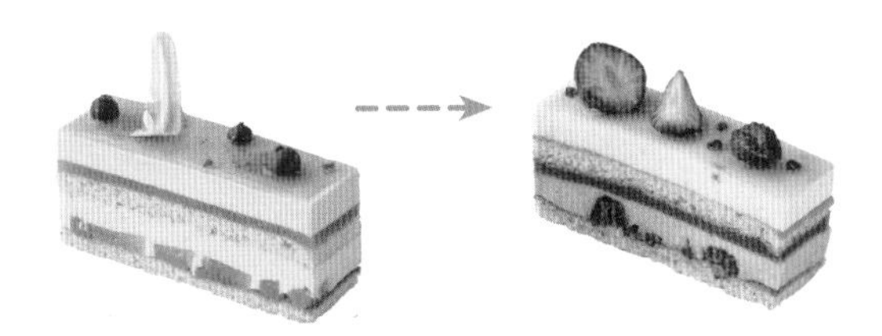

如果將杏桃＆蜂蜜慕斯改變成荔枝＆草莓口味，食材和裝飾也要配合慕斯的味道改變。

改變巧克力口味的難度（高）

無論是在打發的鮮奶油中加入巧克力的巧克力鮮奶油，或是融合液態鮮奶油和巧克力的甘納許，要改變這些有巧克力的食譜時需要注意。
若將使用甜巧克力的食譜變成使用白巧克力，或是想改變巧克力的可可含量或鮮奶油的油脂比例的話，不僅會破壞味道的平衡，鮮奶油和甘納許也會因為無法成功混合，變成失敗之作。
因為自己調整食譜需要經驗，所以我推薦改變別的口味，但巧克力口味的話就盡可能地按照食譜。

巧克力鮮奶油或甘納許會因為材料或分量改變而產生分離，或是變得太柔軟無法塗在蛋糕上，很容易就失敗。

嘗試做出
4種版本的
花色小蛋糕

我們先來嘗試光是改變水果慕斯的果泥就能產生變化的簡單食譜。基底蛋糕是能配合各種水果的椰奶慕斯，考慮到味道的合適程度，內餡也要改變。因為是一口大小的甜點，一次就能製作出各種口味的蛋糕。

覆盆莓・椰奶

材料　直徑5cm、高3.5cm的圓形圈模8個

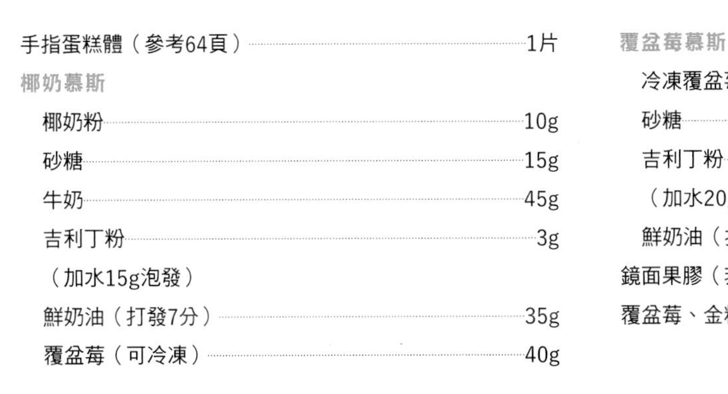

手指蛋糕體（參考64頁）……1片

椰奶慕斯

- 椰奶粉……10g
- 砂糖……15g
- 牛奶……45g
- 吉利丁粉……3g
  （加水15g泡發）
- 鮮奶油（打發7分）……35g
- 覆盆莓（可冷凍）……40g

覆盆莓慕斯

- 冷凍覆盆莓果泥（解凍）……100g
- 砂糖……28g
- 吉利丁粉……4g
  （加水20g泡發）
- 鮮奶油（打發7分）……75g

鏡面果膠（非加熱型）、覆盆莓果泥……各適量

覆盆莓、金粉……各適量

01 參考64頁，烤焙一片薄薄的手指蛋糕體，從烘焙紙上撕下。用圈模壓出8片，鋪進底部。

02 製作椰奶慕斯。將椰奶粉和砂糖充分混合，慢慢加入溫牛奶攪拌，加入泡發並用微波爐溶解的吉利丁，靜置冷卻。

03 冷卻後，加入打發7分的鮮奶油，均勻地混合。

04 分成8等分倒入模具中。注意不要沾黏到模具的上半部分。

05 冰到冷藏庫，待表面凝固後，輕輕剝開覆盆莓，在每個模具的正中央擺上5g。

06 製作覆盆莓慕斯。依序在果泥中加入砂糖、已泡發並用微波爐溶解的吉利丁，混合攪拌，再加入打發7分的鮮奶油均勻地混合。

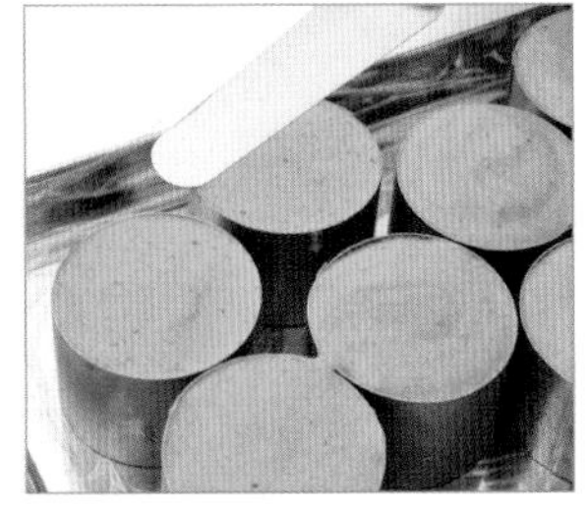

07 倒入**5**，用抹刀抹平，冰到冷藏庫凝固定型。

08 將鏡面果膠30g及覆盆莓果泥6g混合，塗到慕斯上。參考126頁脫模，以覆盆莓、金粉裝飾。

改變成其他味道

現在讓我們將覆盆莓慕斯變成其他口味。造型、基底手指蛋糕和椰奶慕斯的作法都和原食譜相同，重點是要配合椰果調整味道，以達到味覺平衡。

1. 改變果泥

將覆盆莓慕斯的果泥改變成其他種類的果泥。對不同種類的果泥要作不同的功課，像是補足酸味、或是用利口酒增添香氣等等，才會讓風味更上一層樓。

2. 改變內餡

將40g的覆盆莓換成其他水果。放進慕斯裡的內餡會成為口感的重點，也有強調味道的效果。推薦使用和慕斯口味相同的水果，或是使用類似的水果。

3. 改變裝飾

裝飾的重點為加深人們對慕斯口味的印象，像是放上內餡使用的水果，或是控制鏡面果膠、巧克力裝飾的顏色以配合水果的形象。

變化食譜

草莓慕斯

1. 改變果泥

草莓果泥90g＋檸檬汁10g
因為草莓的酸味較不突出，所以用檸檬汁提升酸度，和椰奶味取得平衡。

2. 改變內餡

草莓40g
切成8mm的塊狀放到椰奶慕斯上。

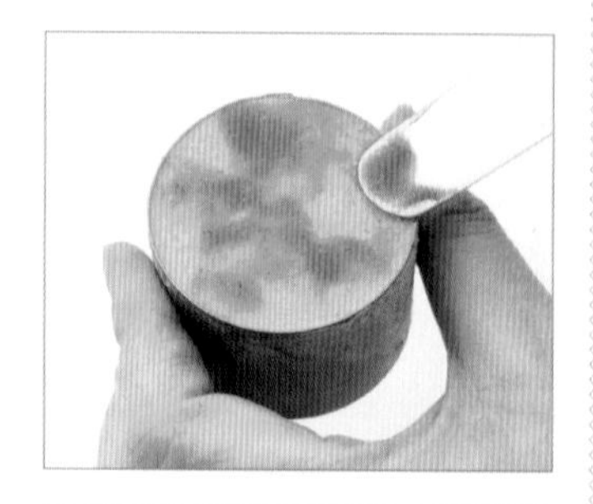

3. 改變裝飾

配合草莓柔和的形象以粉色妝點。用抹刀塗上鏡面果膠，在各處放上草莓果泥後，再用抹刀輕輕摩擦，製造紋路。以草莓、冷凍紅醋栗、巧克力裝飾（參考124頁）。

百香果慕斯

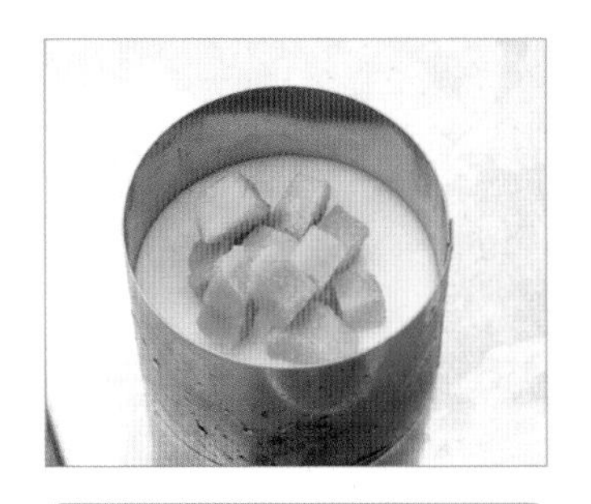

1. 改變果泥

冷凍百香果泥100g
因為百香果的酸味十足，什麼都不用加，直接置換就能襯托出椰奶的風味。

2. 改變內餡

芒果40g
切成8mm的塊狀放到椰奶慕斯上。因為難以放進百香果的固體果肉，所以改用同樣是熱帶水果的芒果。想要口感更清爽時，也推薦使用柑橘類水果。

3. 改變裝飾

將12g百香果泥放入耐熱容器中，用微波爐加熱至剩下一半左右，因為百香果泥比較稀疏，所以用加熱的方式提升濃稠度。加熱時要注意不要燒焦。與30g鏡面果膠混合，塗在慕斯上面，再以切塊的芒果、冷凍紅醋栗裝飾。

香蕉慕斯

1. 改變果泥

將香蕉放入攪拌機中打成泥90g＋檸檬汁10g＋蘭姆酒3～4g
用檸檬汁補足酸味，並襯托香蕉本來的甜味，再加入蘭姆酒提升風味。蘭姆酒和椰奶也很搭。

2. 改變內餡

香蕉40g
切成8mm的塊狀放入。

3. 改變裝飾

直接塗上鏡面果膠，並用微量的水溶解即溶咖啡粉後塗在各處，輕輕摩擦，製造紋路。將香蕉切成圓形薄片，並用瓦斯噴槍烤成焦色，一樣塗上鏡面果膠。

Original recipe
原食譜

Amis

杏桃慕斯

用慕斯、果凍和果肉3種型態將亮橘色的杏桃堆疊起來，再佐以蜂蜜和巴伐利亞。杏桃柔和的酸味加上蜂蜜優雅的甜味，這種甜點組合非常適合初夏。切開時的斷面層層分明，將每一個部分平坦地往上堆疊，是使這道甜點看起來美麗的重點。

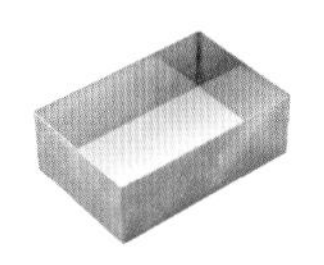

材料 15×10cm、高5cm的長方形中空模具1個

杏桃（罐裝）……半片5個

杏仁手指蛋糕

- 蛋白……1顆分
- 砂糖……30g
- 蛋黃……1顆
- 低筋麵粉……25g
- 杏仁粉……10g

賓治酒（混合材料）

- 君度酒……10g
- 水……15g

杏桃慕斯

- 冷凍杏桃果泥（解凍）……55g
- 砂糖……16g
- 吉利丁粉……3g
  （加水15g泡發）
- 檸檬汁……適量
- 鮮奶油（打發7分）……40g

杏桃凍

- 冷凍杏桃果泥（解凍）……50g
- 砂糖……16g
- 吉利丁粉……2g
  （加水10g泡發）

蜂蜜巴伐利亞

- 牛奶……50g
- 砂糖……5g
- 蛋黃……1/2顆
- 吉利丁粉……3g
  （加水15g泡發）
- 蜂蜜……20g
- 鮮奶油（打發7分）……40g

裝飾

- 鏡面果膠（非加熱型）……20g
- 冷凍杏桃果泥（解凍）……8g
- 覆盆莓果泥……適量
- 冷凍紅醋栗、開心果……各適量
- 巧克力裝飾（參考124頁）……適量

＊推薦使用橘子或薰衣草口味等氣味芬芳的蜂蜜。

事前準備

1 在模具鋪上保鮮膜，用橡皮筋固定並拉緊，然後將模具翻過來放置。

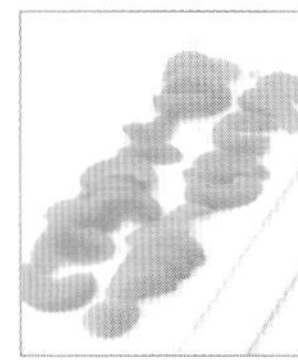

2 仔細去除杏桃上的糖液，切成7mm厚的薄片。放到廚房紙巾上，並以紙巾覆蓋，以充分吸乾水分。

作法

01

參考87頁，製作杏仁手指蛋糕。此處將杏仁粉和低筋麵粉一起放入。在烘焙紙上用L型抹刀將麵團延展成24×18cm的長方形。

Point!

如果用抹刀抹太多次會破壞氣泡，所以延展麵團時盡可能地平坦且一次到位。

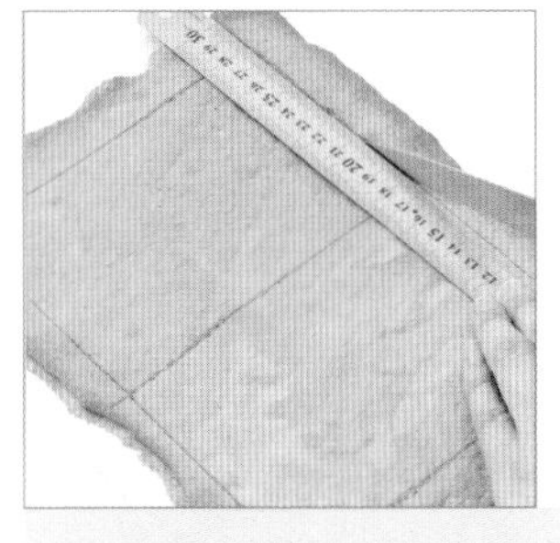

02

用190度的烤箱烤8～9分鐘，迅速從烤盤上拿起，蓋上烘焙紙冷卻。撕下烘焙紙，切成2片15.2×10.2cm的長方形。

Point!

因為手指蛋糕具有伸縮性，切的時候比模具大2mm，放置時才會剛剛好。

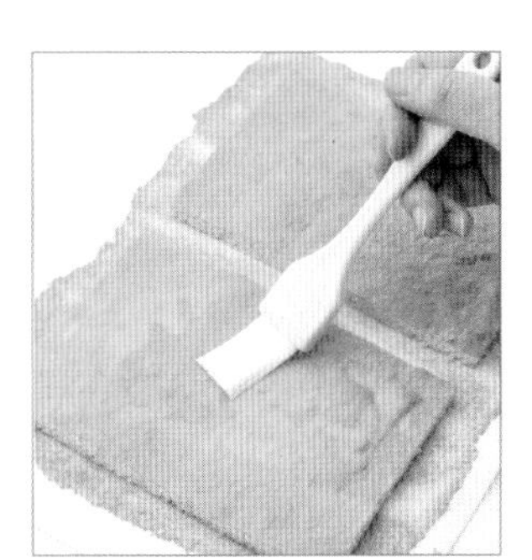

03

用毛刷輕輕在手指蛋糕的烘焙面上塗賓治酒。將剩餘的賓治酒放置一旁。

04

製作杏桃慕斯。在果泥中依序加入砂糖、已泡發並用微波爐溶解的吉利丁、檸檬汁。

05

將碗放到冰水中，一邊攪拌一邊冷卻。

Point!

需注意冷卻過頭的話會太稀，屆時難以倒在表面上。混合至吉利丁不再溫熱時為佳。

06

加入打發7分的鮮奶油，均勻地混合。

07

一口氣倒入鋪好保鮮膜的模具中，拿起托盤輕敲檯面使慕斯平整。冰到冷藏庫中讓表面凝固。

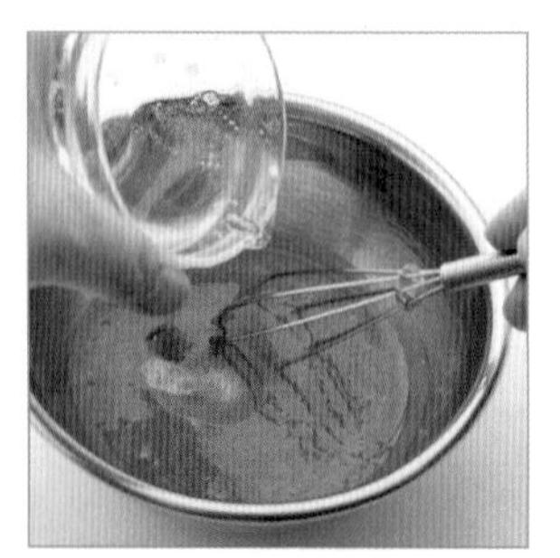

08

製作杏桃果凍。依序加入果泥、砂糖、已泡發並用微波爐溶解的吉利丁混合。

09

一口氣倒在杏桃慕斯上，同樣輕敲檯面使果凍平整。冰到冷藏庫冷卻10分鐘。

Point!

因為杏桃慕斯是冷的，不一口氣倒完的話，果凍馬上就會凝固，無法平整。這道甜點的重點是每層都要平坦堆疊。

10

將手指蛋糕的烤焙面朝下放置，輕壓使之平整貼合。表面塗上多一點的賓治酒，放置冷藏庫冷卻。

Point!

注意不要將手指蛋糕的四角或側邊硬塞進去。

11

製作蜂蜜巴伐利亞。參考29頁的步驟**4～7**，煮英式蛋奶醬。

12

稍微出現勾芡後關火，加入泡發的吉利丁溶解。

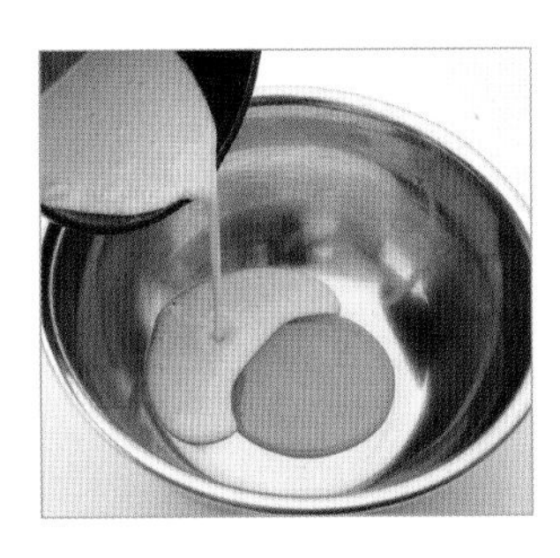

13

倒入裝有蜂蜜的碗中，均勻混合。

14

將碗放入冰水中，一邊攪拌一邊冷卻直到出現勾芡。

15

加入打發7分的鮮奶油，均勻混合。

16

倒入**10**並抹平。擺滿已切片並去除水分的杏桃，壓至和巴伐利亞奶油等高。

17

當模具側面沾到巴伐利亞、或是側面線條不筆直時，用紙巾呈一直線擦拭。將塗了賓治酒的手指蛋糕翻面放置，輕壓使之平整貼合。冰到冷藏庫定型。

18

翻過來撕掉保鮮膜，將杏桃果泥和鏡面果膠混合，適量地塗在表面上，不用均勻塗抹。

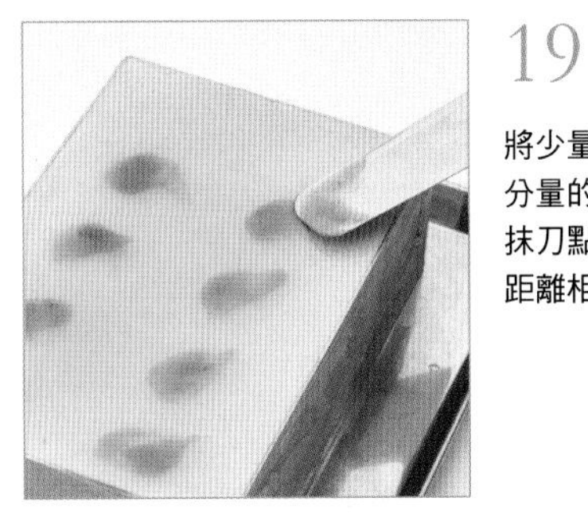

19

將少量的覆盆莓果泥和同分量的鏡面果膠混合，用抹刀點在表面，每個圖案距離相等。

20

參考126頁脫模。

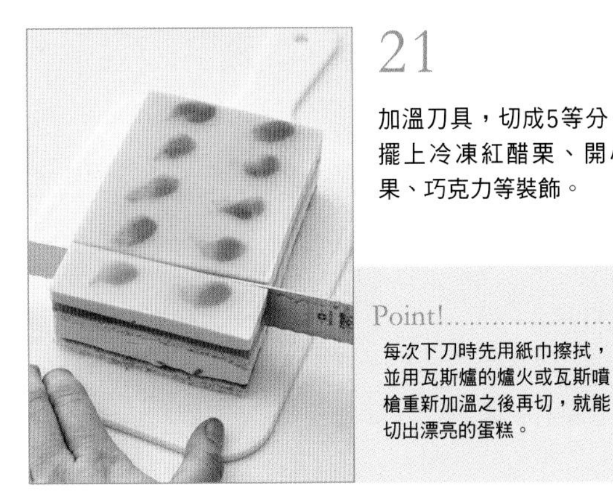

21

加溫刀具，切成5等分。擺上冷凍紅醋栗、開心果、巧克力等裝飾。

Point!

每次下刀時先用紙巾擦拭，並用瓦斯爐的爐火或瓦斯噴槍重新加溫之後再切，就能切出漂亮的蛋糕。

荔枝×草莓的組合

風味細緻的荔枝與酸味溫和的草莓，這道變化的組合甜點既少女又可愛。2種水果慕斯只是改變果泥的種類而已，所以製作很簡單。夾在中間的果肉不是和慕斯同款的草莓，而是大膽地使用了覆盆莓，強烈的酸味會讓味道產生層次。

分量變化

杏桃慕斯	➡	冷凍杏桃果泥改成冷凍荔枝果泥55g，變成荔枝慕斯
杏桃慕斯	➡	冷凍杏桃果泥改成冷凍草莓果泥55g，變成草莓慕斯
蜂蜜巴伐利亞	➡	不要
賓治酒	➡	君度酒改成櫻桃白蘭地10g
杏桃果凍	➡	冷凍杏桃果泥改成冷凍草莓果泥50g
內餡	➡	杏桃（罐裝）改成冷凍覆盆莓適量
裝飾	➡	冷凍杏桃果泥改成冷凍草莓果泥適量

Arrange Point

1 參考原食譜的事前準備，將模具鋪好保鮮膜，撒上剝好的冷凍覆盆莓。在倒入慕斯前都冰在冷凍庫中。

2 荔枝慕斯的作法相同，只是以冷凍荔枝果泥取代杏桃果泥，倒入模具。塗在手指蛋糕上的賓治酒，要以櫻桃白蘭地取代君度酒，並將蛋糕體放到慕斯上。草莓慕斯則是將杏桃果泥改成冷凍草莓果泥，作法相同。

3 果凍的作法相同，但以冷凍草莓果泥取代杏桃果泥。為防止果泥滲入手指蛋糕中，要冷卻至出現勾芡，再用湯匙放入模具中並抹平。
因為我想將草莓口味的果凍和慕斯重疊在一起，味道才有整體感，所以堆疊的順序和原食譜不同。

4 倒入草莓慕斯。以冷凍覆盆莓取代杏桃果肉，不用解凍，對半剝開後撒入，因為慕斯很快就凝固，所以每放進一顆就壓至和慕斯等高。

5 完成後塗上鏡面果膠，用抹刀將草莓果泥輕塗在各處。脫模，切成5等分。以草莓、覆盆莓、冷凍紅醋栗裝飾。

Yanis

焦糖杏仁巴伐利亞

在巴伐利亞中加入用香氣四溢的焦糖果仁製作的焦糖杏仁醬，再疊上濃郁的巧克力鮮奶油。以口感柔軟的蛋糕體和口感酥脆的法式薄脆片組合，製作用心，味道和口感都不顯單調。

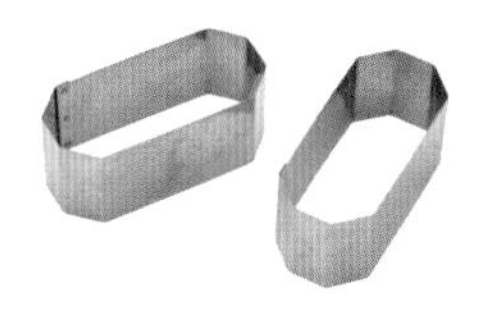

材料 長軸8cm、高3.5cm的八角長方形中空模具6個

無麵粉巧克力蛋糕體

- 蛋白……1顆分
- 砂糖……30g
- 蛋黃……1顆
- 可可……13g

焦糖杏仁巴伐利亞

- 牛奶……50g
- 蛋黃……1顆
- 砂糖 20g
- 吉利丁粉……4g
（加水20g泡發）
- 焦糖杏仁醬……30g
- 即溶咖啡粉……1g
- 鮮奶油（打發7分）……70g

賓治酒（混合材料）

- 水……25g
- 柑曼怡甜酒……15g

巧克力鮮奶油

- 甜巧克力（可可含量55%，切碎）……34g
- 鮮奶油（打發6分）……56g

法式薄脆片

- 甜巧克力（可可含量55%）……6g
- 焦糖杏仁醬……6g
- 可可巴芮脆片……10g

裝飾

- 即溶咖啡粉……適量
（以微量的水溶解，呈濃稠狀）
- 鏡面果膠（非加熱型）……適量
- 巧克力裝飾（參考124頁）……適量
- 金箔噴霧……適量
- 蛋糕插牌……6片

＊可可巴芮脆片是將可麗餅麵團烤成薄脆片狀的市售品。

焦糖杏仁醬是？

用焦糖包裹杏仁，烘焙後輾壓成的糊狀物。與巴伐利亞、鮮奶油、冰淇淋、甘納許等混合使用。冷藏保存，也可冷凍。放太久會產生酸臭味，請儘早使用完畢。

事前準備

將模具放到鋪了保鮮膜的托盤上。用保鮮膜圍繞在模具四周，輕輕固定，不要讓模具散開。放置冷凍庫冷卻。

作法

01

烤焙無麵粉巧克力蛋糕體。將蛋白和砂糖倒入碗中，用手提打蛋器高速打發，直到變成膨脹、黏稠有光澤的蛋白霜為止。

Point!

因為一開始有加入砂糖，所以會難以膨脹，需要花時間打發，但請打發至膨脹為止。

02

拿下手提打蛋器的攪拌棒，加入蛋黃，不用完全混合，粗略地輕輕混合即可。

Point!

因為蛋黃的油脂會消除蛋白霜的氣泡，所以混合至蛋黃的深黃色部分消失即可。

03

直接撒入可可。

04

用橡膠刮刀在正中間直切，從底部往上翻滾麵團，以「の」的形狀混合整體。一邊攪拌時，另一隻手最好一邊旋轉調理碗。混合至看不見可可粉、蛋白霜仍留有一點大理石花紋的程度。絕對不要混合過頭。

05

用L型抹刀在烘焙紙上延展成20×26cm的長方形。

Point!

厚度要平均，烤焙時才能均勻受熱。訣竅是要一次到位，因為延展太多次的話會破壞氣泡，造成麵團烤焙時無法膨脹。沒有加麵粉的麵團會特別脆弱，所以延展時要特別注意。

06

用190度的烤箱烤焙8～9分鐘，然後馬上從烤盤上取出，放到烘焙紙上冷卻。撕下烘焙紙，用模具壓出12片。

07

製作焦糖杏仁巴伐利亞。參考29頁煮英式蛋奶醬，出現勾芡後關火，加入已泡發的吉利丁溶解。

08

倒入裝有焦糖杏仁醬和即溶咖啡粉的碗中，仔細混合攪拌。

09

將碗放入冰水中，一邊攪拌一邊冷卻，直到隱約出現勾芡。

Point!

如果過於濃稠，之後會很難平滑地倒入模具中，所以攪拌至稍有勾芡即可。

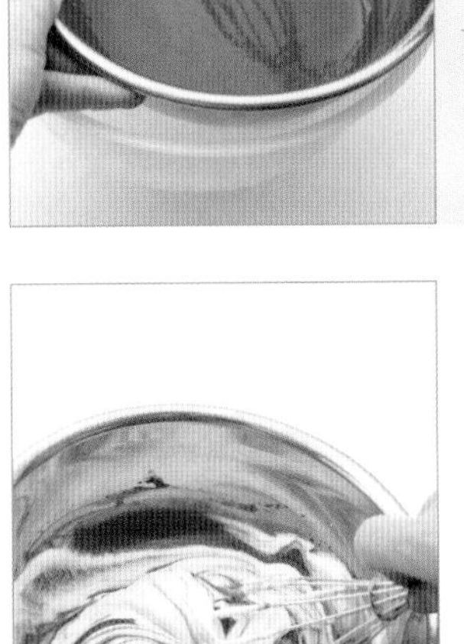

10

加入打發7分的鮮奶油，均勻地混合。

11

分6等分倒入冰鎮過的模具中，盡可能地不要沾到模具的上半部。在不晃動到模具的情況下，輕輕地移至冷凍庫，冰30分鐘使表面凝固。

Point!

晃動或拿起模具，都會使巴伐利亞從底部漏出。

12

用毛刷在6片蛋糕體的烤焙面塗上賓治酒，翻過來鋪在**11**上，並輕壓使之平坦貼合。表面也塗上賓治酒。

13

製作巧克力鮮奶油。用隔水加熱的方式融化甜巧克力，調整至40～45度。

Point!

溫度低的話，倒入鮮奶油時巧克力才會凝固，較易成團。

14

將鮮奶油打發至6分，倒入一半分量後，立即用打蛋器攪拌至有光澤的甘納許狀為止。

15

加入剩下的鮮奶油，用打蛋器粗略混合，大約混合到一半時，改用橡膠刮刀混合。

Point!

一直使用打蛋器混合的話容易產生分離，需特別注意。一定要改用橡膠刮刀。

16

放入塑膠擠花袋中，在尖端剪出1cm的缺口，於**12**上方平擠出6等分。

17

製作法式薄脆片。將甜巧克力和焦糖杏仁醬混合，用隔水加熱或微波等方式融化，再加入可可巴芮脆片仔細混合。

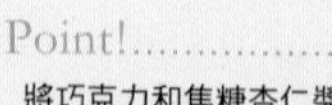

Point!

將巧克力和焦糖杏仁醬混合後能維持口感，較難泛潮。

18

用湯匙鋪到**16**的中央，並輕壓。

19

將賓治酒塗在剩餘蛋糕體的烤焙面上，翻過來鋪進模具中，並輕壓使之平坦貼合。冰到冷凍庫。

20

完全冷凍後翻過來撕掉保鮮膜，在即溶咖啡粉中加入微量的水，製作出濃稠的咖啡液體，再用毛刷輕沾，在巴伐洛亞的表面快速製造出紋路。

21

在表面塗上鏡面果膠以呈現光澤感。參考126頁脫模，再插上巧克力片，並以金箔噴霧裝飾，最後插上蛋糕插牌。

變化食譜

Arranged recipe from Yanis

散發鏡面淋醬光澤的甜點

將焦糖杏仁巴伐利亞改成焦糖醬，會散發微苦的味道。裝飾也配合焦糖，用微苦的巧克力鏡面淋醬取代咖啡和鏡面果膠。成品既有光澤又美麗，充滿高級感。

變化食譜

Arranged recipe from *Yanis*

模具大小

直徑6cm、高3.5cm的中空圈模

分量變化

原食譜的分量可做5個

焦糖杏仁巴伐利亞	➡	焦糖杏仁醬改成焦糖醬（砂糖20g、水10g、鮮奶油20g），製作焦糖巴伐利亞
裝飾	➡	即溶咖啡粉和鏡面果膠改成巧克力鏡面淋醬（參考16頁，準備2倍分量）
蛋糕體	➡	用中空圈模壓出10個

Arrange Point

1 開中火，用小鍋熬煮砂糖和水，直到呈深咖啡的燒焦色。輕輕倒入事先加溫的鮮奶油混合，充分冷卻後，加入含有吉利丁的英式蛋奶醬混合。分5等分倒入鋪好保鮮膜的模具中。蛋糕體、巧克力鮮奶油、法式薄脆片的堆疊方法和原食譜相同，做好後冷凍。

2 參考19頁，製作巧克力鏡面淋醬。因為是製作2倍分量，作業更容易，冷卻後攪拌至出現勾芡。如果沒有勾芡的話會容易流失變得無法覆蓋。

3 在烤盤或托盤上放上網格，將模具拔除，等距離放置巴伐利亞，用抹刀將邊角抹平，淋上淋醬時邊角才不會凸出來。

4 用湯勺淋上巧克力鏡面淋醬，一口氣淋上大量的淋醬，巧克力醬就會順勢且平均地包覆住，而非分好幾次淋。需注意是否有沒有覆蓋到的地方。

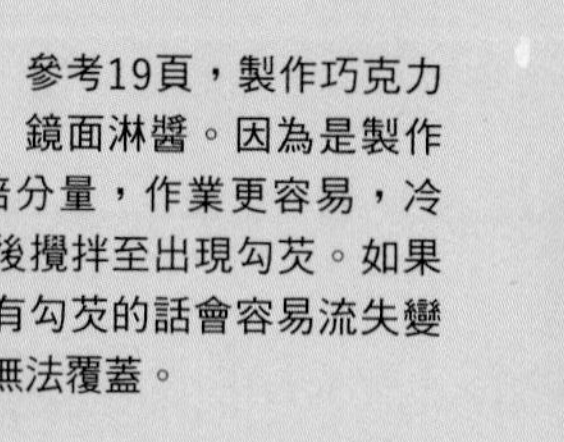

5 立即用抹刀輕抹表面，去除多餘的淋醬，注意不要刮太用力，巴伐利亞會露出來。因為鏡面淋醬容易凝固，作業要迅速。

6 多餘的淋醬滴落後，輕輕移至金色托盤或盤子上，插上巧克力裝飾，撒上金箔。

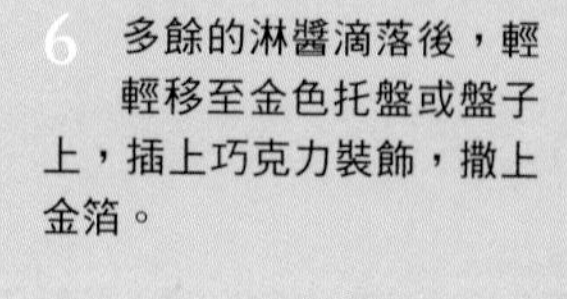

Anette

黑醋栗慕斯

強烈的酸味和深紫色，無論是外表還是味道都讓人印象深刻的黑醋栗慕斯甜點。為了平衡味道，裡面加了圓滑的白巧克力和奶油起司慕斯。作法極為簡單，但是用變化造型的模具製作，成品充滿時尚感。

材料 邊長約6.5cm的變化三角形中空模4個

手指蛋糕體

- 蛋白……1顆分
- 砂糖……30g
- 蛋黃……1顆
- 低筋麵粉……30g

黑醋栗慕斯

- 冷凍黑醋栗果泥……70g
- 砂糖……20g
- 吉利丁粉……4g
- （加水20g泡發）
- 黑醋栗利口酒（Crème de Cassis）……10g
- 鮮奶油（打發8分）……75g

白慕斯

- 白巧克力……12g
- 砂糖……4g
- 牛奶……12g
- 吉利丁粉……1g
- （加水5g泡發）
- 奶油起司……35g
- 鮮奶油（打發8分）……15g
- 冷凍黑醋栗……16粒

裝飾

- 鏡面果膠（非加熱型）……30g
- 黑醋栗果泥……6g
- 黑莓、覆盆莓、藍莓……各適量
- 金粉……適量

作法

01

參考87頁，製作手指蛋糕體。在烘焙紙上用抹刀延展成24×20cm。

Point!

盡量一口氣抹平，因為延展太多次的話會破壞氣泡。

02

用190度烤箱烤焙8～9分鐘，之後馬上從烤盤上拿下，蓋上烘焙紙冷卻。

03

撕下烘焙紙，用模具壓出4片底部蛋糕體，再切出4片3cm的正方形作為中間蛋糕體。將模具放在鋪好保鮮膜的托盤上，將底部蛋糕體塞進模具中。

04

製作黑醋栗慕斯。在果泥中依序加入砂糖、已泡發並用微波爐溶解的吉利丁、利口酒，將碗放到冰水中，一邊混合一邊冷卻，直到出現勾芡。

Point!

最好混合至黏稠的勾芡狀，之後才會便於塗抹。

05

加入打發8分的鮮奶油，均勻地混合。

06

製作白慕斯。在容器中倒入白巧克力、砂糖、牛奶，放入微波爐裡，沸騰後取出，仔細攪拌，融化白巧克力。加入已泡發並用微波爐溶解的吉利丁。

07

將在室溫放軟的奶油起司攪拌至平滑，將**6**分3次倒入，每次都要均勻攪拌。

08

加入打發8分的鮮奶油，均勻地混合。

09

將30g黑醋栗慕斯倒入模具中，用湯匙背面抹至緣側，這樣可以防止氣泡進入側面及中間的白慕斯被看見。

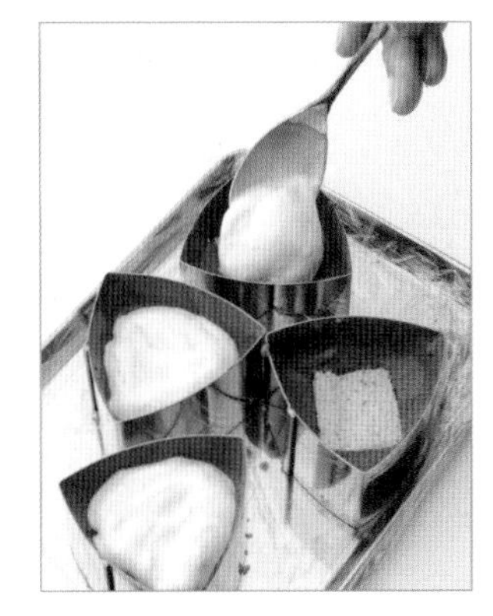

10

放上中間蛋糕體並輕壓。將白慕斯分4等分，平滑地放入。

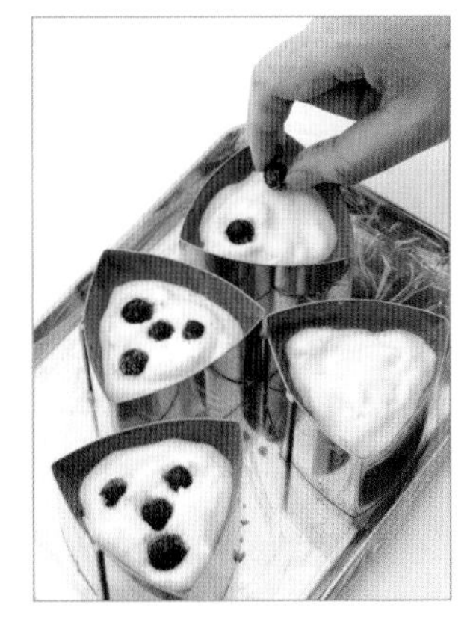

11

分別放進4粒冷凍黑醋栗，不用解凍。輕壓至與慕斯齊高。

12

倒入剩下的黑醋栗慕斯，用抹刀抹至緣側，使表面平整。冰到冷藏庫定型。

Point!

這個階段也可以冷凍，為避免沾染味道或泛潮，請確實密封。解凍時冰到冷藏庫解凍。

14

製作黑醋栗鏡面果膠。在鏡面果膠中加入黑醋栗果泥混合，用濾茶網過濾。

15

用抹刀適量且平整地塗抹在定型的黑醋栗慕斯上。

16

參考126頁脫模，用細毛刷或筆尖沾取金粉，輕輕揮灑。以黑莓、覆盆莓和藍莓裝飾。

用白桃果泥製作酸甜蛋糕

這道變化食譜很簡單，僅是將慕斯換成比黑醋栗風味更溫和的白桃口味。為了配合慕斯柔和的粉色，此處使用了「水滴型」模具，改變外表給人的印象。

模具大小

長邊約7cm的水滴型模具。也可以使用和原食譜一樣的三角形。

分量變化

黑醋栗慕斯	➡	冷凍黑醋栗果泥改成冷凍白桃果泥70g
內餡	➡	冷凍黑醋栗改成冷凍紅醋栗約16粒
成品	➡	冷凍黑醋栗果泥改成冷凍白桃果泥6g、冷凍紅醋栗適量

Arrange Point

1 將黑醋栗果泥改成白桃果泥，以同樣的方式製作白桃慕斯。組合方式也和原食譜相同。

2 因為白桃的味道較溫和，使用冷凍紅醋栗當作風味的重心，也可以換成冷凍覆盆莓。將慕斯抹平後，也可以壓入紅醋栗當作圖案，並凸顯配色。

3 在鏡面果膠中加入白桃果泥混合，塗在表面。以覆盆莓和巧克力裝飾（參考124頁）。

變化食譜

Arranged recipe from Anette

Theo

脆皮紅茶海綿蛋糕

在紅茶風味的海綿蛋糕中，堆疊口感滑順的紅茶奶油霜，表面則鋪滿口感酥脆的脆皮外衣。因為海綿蛋糕的配方是低筋麵粉和玉米澱粉各半，所以成品輕巧而且層次分明，能夠凸顯每個部分的不同口感。內有薄薄的覆盆莓果醬，和紅茶風味是絕佳搭配，也能夠成為酸味的重心。作為最簡單的變化食譜，此處也會介紹沒有加紅茶的原味作法。

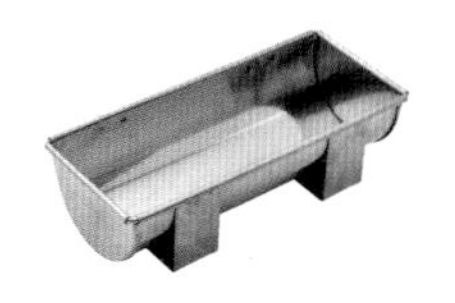

材料 長18.5cm、寬7.5cm長條半圓柱形模具1個

海綿蛋糕

全蛋	72g
砂糖	36g
低筋麵粉	25g
玉米澱粉	25g
伯爵茶葉（磨碎）	3g
無鹽奶油	13g

紅茶奶油霜

牛奶	50g
蛋黃	1顆
砂糖	35g
紅茶粉	2g
無鹽奶油（回歸常溫）	70g

覆盆莓果醬	30g

脆皮

砂糖	35g
水	12g
杏仁角	40g

裝飾

防潮糖粉	適量

伯爵茶、紅茶粉

使用海綿蛋糕的伯爵茶葉時先以研磨機磨碎（也可使用茶包裡面的）。鮮奶油的紅茶粉則使用市售的錫蘭紅茶粉。

事前準備

將調理紙剪成18×18cm，鋪在半圓柱型模具內側。

作法

01

烤焙海綿蛋糕體。打蛋後加入砂糖，開小火，用手提打蛋器的攪拌棒混合至約40度（手指放進去感覺到溫熱的程度）後，開高速打發。

02

打發至泛白、膨脹，並有打蛋器的痕跡，拿起來會緩慢滴落的程度。

03

混合低筋麵粉、玉米澱粉和伯爵茶葉，撒入後用橡膠刮刀混合至看不見粉末。

04

看不見粉末後，再混合約10次。

Point!

需注意，混合不夠的話麵團會乾癟且孔隙大；混合過頭的話氣泡則會消失，烤焙時無法膨脹。

05

加入用微波爐融化的奶油，均勻地混合。因為奶油的油脂會消除氣泡，所以攪拌至奶油有滲入麵團的程度即可，不要混合過頭。

06

倒入準備好的模具中，用180度烤焙25分鐘。

07

烤好後，為保持水分，將模具覆蓋放置，直到完全冷卻。用刀子插入模具的兩端翻過來，再脫模。

08

製作紅茶奶油霜。參考29頁，煮英式蛋奶醬，此處加入半量的砂糖、蛋黃，同時放入紅茶粉，以相同的方法製作。煮至濃湯狀並出現勾芡，標準溫度為83度。

Point!

加熱不足的話會留有蛋的腥臭味，奶油也會難以乳化，要確實加熱。但需注意加熱過頭的話又會結塊。

09

立即關火，倒入碗中，充分冷卻。如果冷卻不足就倒入之後的奶油中，奶油會融化，所以一定要冷卻至20度以下。

10

將奶油放置常溫中變軟，將**9**分3～4次倒入。每次倒入時，都用手提打蛋器開中速混合。

Point!

奶油的硬度若像美乃滋一樣，就較容易和英式蛋奶醬乳化結合。但需注意，如果一口氣倒入的話會產生分離。每次倒入時都要充分混合，並確認是否有確實乳化後再倒入，含有空氣時會泛白。

11

加入全部的英式蛋奶醬，仔細攪拌至平滑且泛白。

12

製作脆皮。在小鍋中加入砂糖和水，開中火。煮成糖漿後關火（約118度）。

13

馬上加入杏仁角，用橡膠刮刀混合。

14

持續混合直到糖漿結晶化，變得泛白且沒有黏性。開中火，一邊混合一邊炒。

Point!

糖漿熬煮得不夠的話會無法結晶化。

15

當色澤隱約開始變深時關火，鋪到烘焙紙上冷卻。

Point!

為了不要蓋過紅茶的香氣，顏色不要炒得太深，稍微出現香氣後就關火。

16

組合材料。將海綿蛋糕體平切成3片。

17

在下面那片海綿蛋糕體塗上1/3量的奶油霜。將覆盆莓果醬放入塑膠擠花袋中，在尖端剪8mm的缺口，擠出2條平行的果醬。

18

放上中間的海綿蛋糕並輕壓。同樣塗上1/3量的奶油霜、覆盆莓果醬，放上最上層的海綿蛋糕。

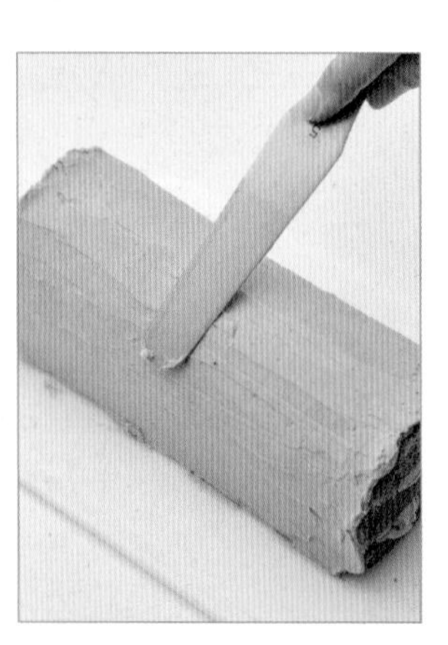

19

在整體的外側均勻地塗滿紅茶奶油霜。

20

在外側撒滿脆皮。當要撒在側面時，可用手輕輕地在旁輔助。

21

用濾茶網或調味罐撒上防潮糖粉，用加溫過的刀具切出想要的厚度。

製作原味時

以1/3顆分的刨碎檸檬皮取代伯爵茶葉，和奶油一同加入麵團中。紅茶奶油霜的部分則不要加紅茶粉。

變化食譜

Arranged recipe from

Theo

香氣濃郁的濃縮咖啡風味

以磨碎的濃縮咖啡豆取代伯爵茶葉，奶油霜和脆皮也配合濃縮咖啡做了改變。

變化食譜

Arranged recipe from *Theo*

模具大小

和原食譜相同。

分量變化

海綿蛋糕	➡	**伯爵茶葉改成濃縮咖啡豆（磨碎）4g**
奶油霜	➡	**紅茶粉改成用微量蘭姆酒溶解的即溶咖啡粉3g**
覆盆莓果醬	➡	**不要**

Arrange Point

1 以磨碎的濃縮咖啡豆取代伯爵茶葉，用相同的方法製作海綿蛋糕。因為是烤焙咖啡豆，所以香氣會特別濃郁。如果要以即溶咖啡代替的話請加2g。

2 不要加入紅茶粉，製作奶油霜。在最後步驟加入用蘭姆酒溶解的即溶咖啡粉，並仔細混合。先取出少量奶油霜，作為最後裝飾用。

3 和原食譜相同，平切海綿蛋糕後，塗上奶油霜。只是不要使用覆盆莓果醬，因為味道不合。

4 脆皮需炒到比原食譜的色澤還深的咖啡色，才能和濃縮咖啡的味道取得平衡。冷卻時要散開，不要黏在一起，冷卻後也要確實將脆皮分開。

5 將剛才剩下的奶油霜裝到星形花嘴的擠花袋中，擠在表面做裝飾，並放上巧克力片（參考124頁）。

Original recipe 原食譜

Arbert

牛奶巧克力歐培拉

經典蛋糕「歐培拉」由黑巧克力甘納許和咖啡風味的奶油霜重疊而成，但此處則變換成更溫和的味道：在薄薄的蛋糕體中，混合加入咖啡和堅果，包夾牛奶巧克力甘納許和咖啡奶油霜，最後再以口感極佳的焦糖堅果裝飾，溫和的香氣適合秋之茶會。

材料 長約10cm的模具5條

賓治酒

- 砂糖……12g
- 水……55g
- 即溶咖啡粉……4g
- 蘭姆酒……8g

杏仁咖啡海綿蛋糕體

- 蛋白……50g
- 砂糖……30g
- 全蛋……35g
- 糖粉……25g
- 杏仁粉……25g
- 低筋麵粉……22g
- 即溶咖啡……2g
- 核桃（切碎）……15g

歐蕾甘納許

- 牛奶巧克力（切碎）……30g
- 鮮奶油……23g

英式蛋奶醬

- 蛋黃……1顆
- 砂糖……30g
- 牛奶……60g

咖啡奶油霜

- 英式蛋奶醬……前面取50g
- 無鹽奶油（放置常溫變軟）……60g
- 蘭姆酒……4g
- 即溶咖啡粉……2g

裝飾

- 牛奶巧克力（切碎）……15g
- 鮮奶油……12g
- 鏡面果膠（非加熱型）……適量

焦糖堅果

- 砂糖……15g
- 水……10g
- 喜愛的堅果（杏仁、核桃、榛果等）……合計40g

開心果、金箔……各適量

事前準備

- 製作賓治酒。煮沸水和砂糖，溶解即溶咖啡粉，冷卻後加入蘭姆酒。
- 將要焦糖化的堅果切成1cm塊狀。

作法

01

製作杏仁咖啡海綿蛋糕體。打發蛋白至糊狀，再加入全部的砂糖，打發成硬挺的蛋白霜。

02

在另一個碗中加入全蛋、糖粉、杏仁粉混合，用手提打蛋器攪拌至泛白，加入半量的蛋白霜，粗略混合。

03

將低筋麵粉和即溶咖啡粉混合撒入，用橡膠刮刀混合。

04

將剩餘的蛋白霜和切碎的核桃均勻地混合。

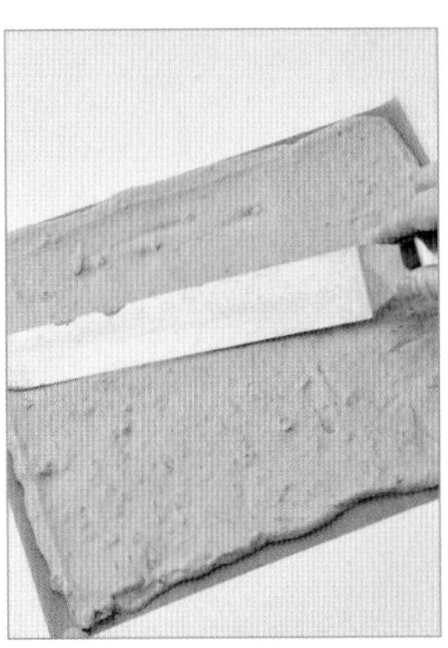

05

在烘焙紙上用抹刀延展成27×22cm，用200度的烤箱烤焙8分鐘。蓋上烘焙紙避免乾燥。

06

撕下烘焙紙，十字切成4等分，四邊不用切齊。

07

製作歐蕾甘納許。在容器中加入牛奶巧克力和鮮奶油，用微波爐加熱，開始冒泡後取出，仔細混合成有光澤的甘納許。冰到冷藏庫定型至可以塗抹的程度。

Point!

不夠濃稠的話會無法包夾在中層，所以需要冷卻。冷卻途中可用橡膠刮刀輕輕地均勻混合2～3次，只是需注意混合過頭的話會產生分離。

08

製作咖啡奶油霜。參考29頁製作英式蛋奶醬並冷卻，此處使用50g。雖然使用的分量少，但比起勉強製作少量蛋奶醬，不如先做出容易製作的分量後再取50g，失敗的風險較低。

09

將奶油放置常溫中軟化到像美乃滋的程度後，將**8**分3～4次倒入，每次倒入時都用手提打蛋器仔細混合。英式蛋奶醬的熱度會使奶油融化，請充分冷卻後再加入。

10

加入以蘭姆酒溶解的即溶咖啡粉，均勻混合。

Point!

混合均勻的話，奶油會和大量的水分充分融合，形成入口即化的柔順奶油霜。

11

組合材料。在全部蛋糕體的烤焙面用毛刷塗上大量賓治酒。

12

其中一片蛋糕體塗上1/3量的咖啡奶油霜，用抹刀抹平，充分塗抹至緣側。

13

將第2片蛋糕體反過來放上去，輕壓使之貼合。塗上1/3量的剩餘賓治酒。

14

將已冷卻的濃稠歐蕾甘納許全部塗抹上去，用抹刀抹平，充分塗抹至緣側。

15

將第3片蛋糕體反過來放上去，輕壓使之貼合。塗上1/2量的剩餘賓治酒。平整地抹上1/2量的剩餘咖啡奶油霜。

16

第4片蛋糕體、賓治酒、咖啡奶油霜也是以相同方式堆疊。冰到冷藏庫定型。

Point!

最後塗抹的奶油霜會影響到成品的美觀程度，所以要盡可能地塗抹平整。

17

進行裝飾。和**7**一樣，製作歐蕾甘納許，稍微冷卻至35～40度（感覺微溫）。

Point!

溫度太高的話會使得咖啡奶油霜融化；溫度太低的話，塗到一半時就會凝固，無法均勻延展。

18

一口氣淋在正中間，再立即用抹刀平平地抹開。因為基底蛋糕是冷的，不快點推開的話會凝固。

19

歐蕾甘納許凝固後，在表面塗抹適量的鏡面果膠。

Point!

塗的時候平握著抹刀，但注意不要削到下層的甘納許。

20

將刀具加溫後切齊四邊，並切成5等分。

21

製作焦糖堅果。在小鍋中加入砂糖和水，開中火。熬煮成糖漿後（約118度），關火，加入堅果，仔細混合。

22

持續攪拌至糖漿結晶化，泛白且沒有黏性。

23

開中火，一邊混合一邊翻炒。因為會冒煙，要記得開抽風機不要燙傷。

24

當出現香氣並呈焦糖色時放到烘焙紙上散開，完全冷卻。

25

放到**20**上，再以切碎的開心果、金箔裝飾。

變化食譜

Arranged recipe from Arbert

變成層次分明的微苦味

將溫和的牛奶巧克力甘納許改成用苦巧克力做成的甘納許，微微苦味在口中發散，口感層次分明。如果只是單純改變巧克力的種類，可能會讓材料產生分離或變得太軟無法疊在中層，所以鮮奶油的比例也要調整。配合甘納許的口味，改成用苦巧克力裝飾，成品的厚重感也讓蛋糕形象瞬間改變。

分量變化

歐蕾甘納許	➡ 改成苦巧克力（可可含量65%）27g、鮮奶油27g
裝飾	➡ 歐蕾甘納許改成塗層用苦巧克力70g

Arrange Point

1 改變甘納許的配方，用和原食譜同樣的步驟製作。冷卻後，出現一定的濃稠度時，再塗於中層。因為苦巧克力較容易產生分離，所以不要過度混合，塗抹時更不能來回碰觸。蛋糕體和咖啡奶油霜的組合與製作方式也與原食譜相同。

2 以隔水加熱的方式融化塗層用苦巧克力，冷卻至35～40度（微溫程度）。溫度太高的話會使咖啡奶油霜融化；太低的話容易凝固，難以均勻塗抹。

3 先取2小匙作為裝飾用，將剩餘的巧克力一口氣淋於蛋糕體正中央，再立即用抹刀橫抹延展。一口氣淋上去，巧克力醬就會順勢延展開來。需注意，抹刀直立的話可能會不小心破壞巧克力塗層。

4 放置於冷藏庫使表面凝固。稍微將刀具加溫，將蛋糕四邊切齊，再切成5等分。每切一刀時要擦拭並重新加溫刀具，刀具沒有加溫的話，塗層表面會龜裂，切面就會不美觀。

5 將裝飾用巧克力醬放入塑膠製擠花袋中，在尖端剪一小缺口，擠出想要的花紋。可以用抹刀等工具擋在蛋糕側面，防止側面沾到巧克力醬。最後再用巧克力（參考124頁）或銀箔裝飾。

column

改變巧克力配方是失敗的元兇！

食譜上寫著「可可含量55%的甜巧克力」，但「我比較喜歡苦的」，所以改成可可含量70%的黑巧克力，請問這樣蛋糕能成功嗎？
答案是NO。

巧克力會因為可可含量和成分的不同，性質就會有微妙的差異。例如，如果置換成可可含量不同的巧克力，由巧克力和鮮奶油混合而成的「甘納許」，就可能會產生分離或太稀軟。

還有，若是使用比食譜的可可含量低的巧克力，由打發鮮奶油和巧克力混合的「巧克力鮮奶油」，就會因為太柔軟而無法凝固；相反的，使用可可含量高的巧克力，鮮奶油就會變得乾皺且不滑順。無論製作流程多順利，溫度調整得多完美，最後都會因為配方的比例不對而失敗。

慕斯或巴伐利亞類也是一樣，根據巧克力的種類及可可含量的不同，冷卻時的凝固狀況也會不同。每當改變巧克力種類時，就必須要重新檢視其他材料，並配合巧克力做出改變。配合巧克力的種類調整配方並非易事，需要經驗及知識，隨便改變配方的話只會導致失敗。

所以用巧克力製作的甜點，原則為

「不改變配方，按照食譜做」。

○

× ×

將歐蕾甘納許的配方換成其他巧克力：苦巧克力會變得乾皺，白巧克力則會太稀，兩種都非常失敗。

○ ×

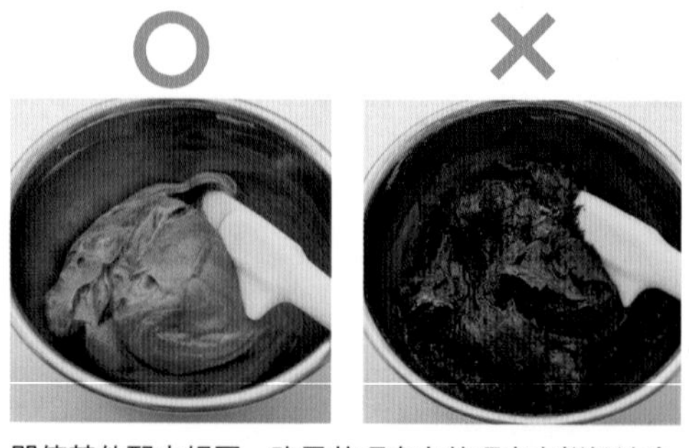

即使其他配方相同，改用苦巧克力的巧克力鮮奶油會變得乾皺，不只外觀，連口感都很差。

製作慕斯或巴伐利亞時，如果不配合巧克力的種類重新檢視其他材料，成品會變得無法凝固。

Decoration

Step3

憑藉創意，變化無限

改變成自己喜歡的裝飾

鮮奶油要擠什麼樣的風格？要不要用水果裝飾成品？還是用鏡面果膠當作塗層？即使形狀和味道一樣，只要成品外觀不同，就會給人完全不同的印象。裝飾不只影響著外觀，甚至會影響味道和口感。在這章節中，我會介紹各種技巧，讓裝飾蛋糕的方式變得更多元。請各位務必嘗試挑戰，製作出擁有自我風格的裝飾。

擠鮮奶油

根據不同種類，擠花袋的花嘴分成各種形狀，即便是相同造型的花嘴，也會有好幾種不同的擠法。學習每種花嘴的使用方式，光是擠鮮奶油就能享受到許多變化的樂趣。

塗上鏡面淋醬或果膠

只要淋上光澤的巧克力鏡面淋醬，成品就會變得時尚有品味；使用黃色或紅色的鏡面果膠，成品就會變得華麗。塗層會因為材料的改變就帶給人們不同的印象，配合蛋糕的味道選擇材料吧。

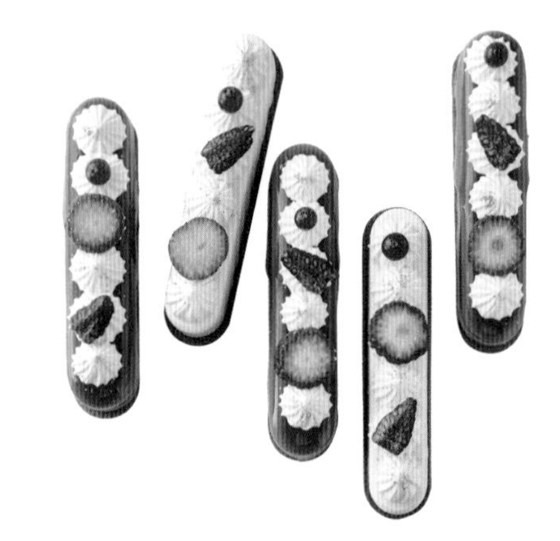

以巧克力或水果裝飾

只要會做巧克力裝飾，光是一個巧克力插片，就能讓蛋糕搖身變成大師級作品。想要看起來水潤新鮮時使用水果，想要看起來香氣四溢時使用堅果，配合形象擺放裝飾，會讓成品「看起來更美味」。

製作完美裝飾的秘訣

希望大家在決定裝飾時，都能意識到一件事：外觀「賦予蛋糕味道和香氣」，以及更重要的是裝飾能讓蛋糕變得更美味。當擺放的裝飾和蛋糕味道完全不一樣或淋上太多太厚的鏡面淋醬時，都會破壞味道的平衡，需特別注意。

成品能因裝飾有這麼多的變化！

裝飾範本一覽表

試著利用28頁介紹的「巧克力閃電」做出各種裝飾。不同裝飾不只改變了外觀形象，更改變了味道和口感。

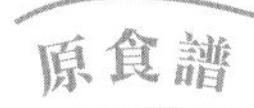

原食譜

歐蕾鏡面淋醬裝飾

放上薄薄的巧克力甜塔皮，再擠出水珠狀的圖案。

變化 1

巧克力鏡面淋醬裝飾

改變鏡面淋醬的種類，給人深邃、時尚的印象。味道也會變得較苦。

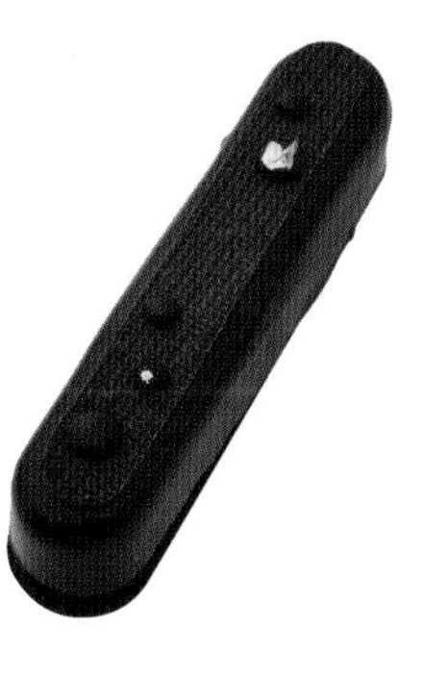

變化 2

擠鮮奶油裝飾

使用15齒的星形花嘴擠鮮奶油，看起來分量十足又華麗。只是加了鮮奶油，味道也會變得更豐富。

變化 3

巧克力鏡面淋醬 + 鮮奶油裝飾

使用玫瑰花嘴將鮮奶油擠成波浪狀，再佐以鏡面淋醬的苦味中和味道，成品味道優雅柔和。

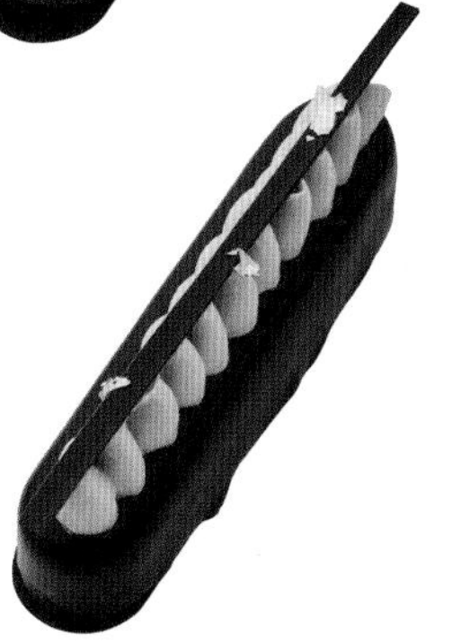

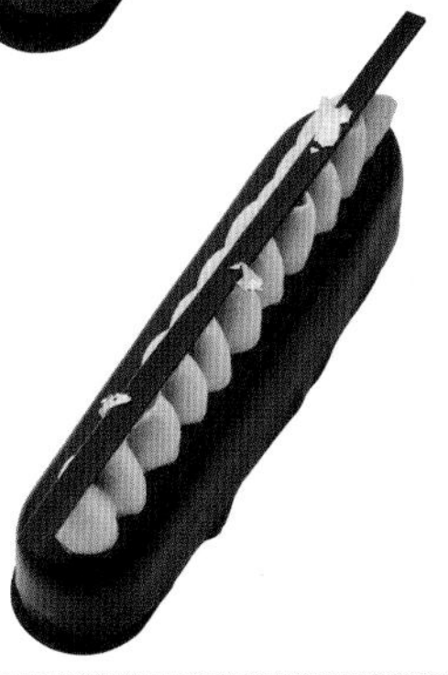

變化 4

巧克力片裝飾

使用圓形的巧克力片裝飾，給人流行感。

變化 5

巧克力鏡面淋醬 + 巧克力片裝飾

同樣是巧克力片，使用尖角造型就能變得很時尚。

Ilène

草莓優格生乳酪

含有大量優格的清爽型生乳酪蛋糕，再佐以草莓及酸甜的覆盆莓果凍。在蛋糕中塞滿草莓，兼具味覺享受和視覺美感。使用聖多諾黑花嘴擠出分量十足的鮮奶油，成品豪華亮眼。是一款適合聖誕節或紀念節日的圓蛋糕。

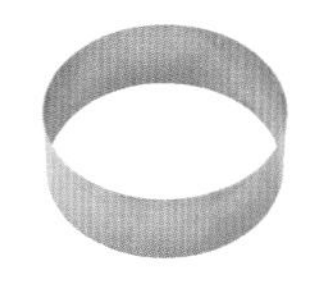

材料 直徑15cm的中空圈模1個

手指蛋糕體

- 蛋白……55g
- 砂糖……40g
- 蛋黃……1顆
- 低筋麵粉……40g

賓治酒（混合材料）

- 君度酒……10g
- 水……15g

草莓……適量

優格生乳酪

- 奶油起司……100g
- 砂糖……35g
- 原味優格……140g
- 吉利丁粉……5g
  （加水25g泡發）
- 鮮奶油（打發8分）……120g

覆盆莓果凍

- 冷凍覆盆莓果泥（解凍）……55g
- 砂糖……5g
- 吉利丁粉……2g
  （加水10g泡發）

冷凍覆盆莓（非必須）……適量

裝飾

- 鮮奶油……100g
- 砂糖……10g
- 草莓、覆盆莓或紅醋栗等……各適量
- 蛋糕插牌……1片

作法

01

烤焙手指蛋糕體。將蛋白放入碗中，用手提打蛋器高速打發至膨脹並殘留打蛋器的痕跡後，分2次加入砂糖，再打發成蓬鬆、堅挺且散發光澤的蛋白霜。

02

加入蛋黃。拔下手提打蛋器的1根攪拌棒，輕輕攪拌，不用完全混合。

03

直接撒入低筋麵粉。用橡膠刮刀壓住麵粉，透過濾網撒入的話，麵粉就不會四散。一邊旋轉調理碗，一邊用橡膠刮刀插入正中間，從底部向上舀，像畫「の」一樣將全體混合。

Point!

混合至看不見粉末為止，顏色稍微斑駁沒有關係，要注意不能混合過頭。

04

放入1cm的圓形花嘴擠花袋中，擠出直徑17cm的圓盤狀底部蛋糕體、直徑12cm的圓盤狀中間蛋糕體，利用花嘴的大小擠出統一的厚度。

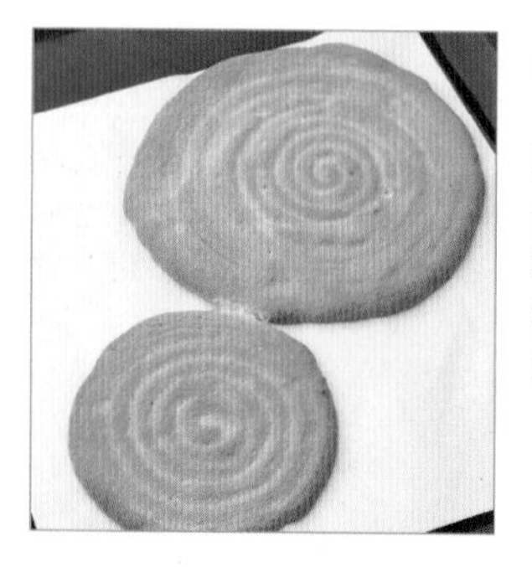

05

用180度的烤箱烤焙約10分鐘。冷卻後撕下烘焙紙，將直徑17cm的蛋糕體切成和模具的大小相同。

06

將底部蛋糕體鋪進模具中，在表面用毛刷塗上賓治酒。去除草莓蒂並對切，將切口貼在模具那側，緊密排列。

Point!

如果草莓間有空隙的話成品就會不好看，並排時要緊密。

07

製作優格生乳酪。將奶油起司放置常溫中變軟，依序加入砂糖、原味優格，每次加入時都攪拌至平滑為止。

08

用微波爐溶解已用水泡發的吉利丁粉，混合加入。

09

加入打發8分的鮮奶油，混合均勻。利用製作果凍的期間，放入冷藏庫10分鐘直到出現勾芡。

10

製作覆盆莓果凍。在解凍果泥中依序加入砂糖、已泡發並用微波爐溶解的吉利丁，混合攪拌。

11

將碗放入冰水中，一邊混合一邊冷卻，直到呈糊狀。

Point!

液體狀的果凍會難以組合，所以攪拌至呈糊狀後再使用。

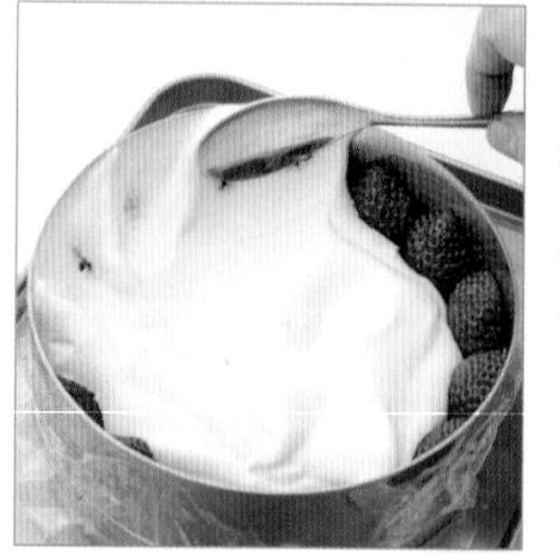

12

將一半分量的優格生乳酪倒入模具中。用湯匙背面塗抹至模具緣側，蓋住所有的草莓。

13

在正中央的凹洞中平整地倒入覆盆莓果凍。如果有冷凍覆盆莓的話，輕輕剝開後撒入，再輕壓。

14

將中間蛋糕體的四周切齊，翻過來放在正中央並輕壓。倒入剩下的優格生乳酪，用抹刀將表面抹平。置於冷藏庫冷卻定型。

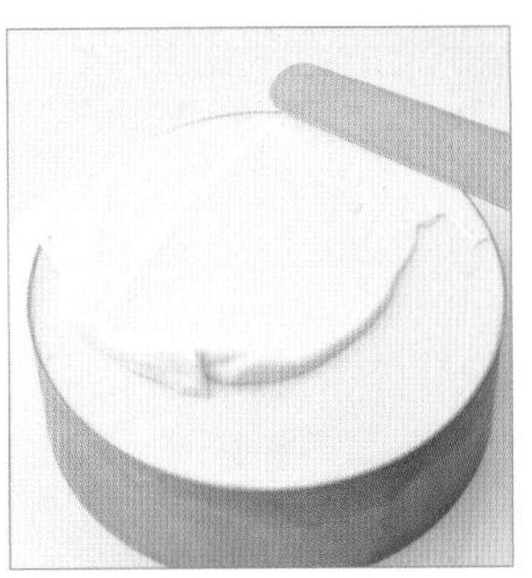

15

進行裝飾。在表面薄薄地塗上一層打發8分並加有砂糖的鮮奶油，參考126頁脫模。

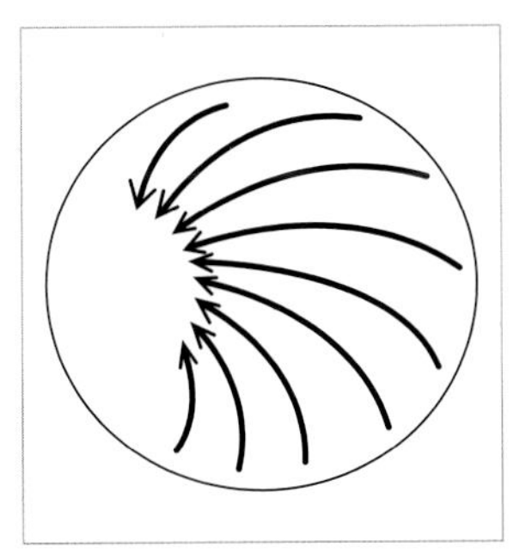

16

將**15**剩下的鮮奶油，放入20mm的聖多諾黑花嘴擠花袋中，擠於表層。在擠之前，先在腦海中仔細構思圖案，此處可像左圖般朝同一個方向畫出曲線，擠成扇狀。

17

直握擠花袋，花嘴置於蛋糕上空5mm處。從距離緣側約2cm處開始擠，到達邊緣後，同樣壓著擠花袋，然後畫出弧度。擠完後迅速地將花嘴朝向自己拉起，線條就會自然地中斷。

18

如圖**16**，第1條曲線較短，然後慢慢拉長，畫出弧度較小且沒有間距的線條。

19

在畫完中間的曲線後，慢慢拉短，畫出弧度較大的線條並呈扇狀。

20

去除草莓蒂，或對半切，或直切成薄片，或劃入數刀呈扇形散開等等，準備數種雕花造型。

21

在沒有擠花的空白處，放上草莓、覆盆莓和紅醋栗，製造出立體感，再以蛋糕插牌裝飾。

Point!

先從扇狀或整顆草莓等較大的水果開始裝飾，再以對半切的草莓、覆盆莓、紅醋栗等較小的水果塞在縫隙間，並注意比例的平衡，就能裝飾出美觀的蛋糕。

變化食譜

Arranged recipe from *Ilène*

朝向中心擠出均等的線條

設計

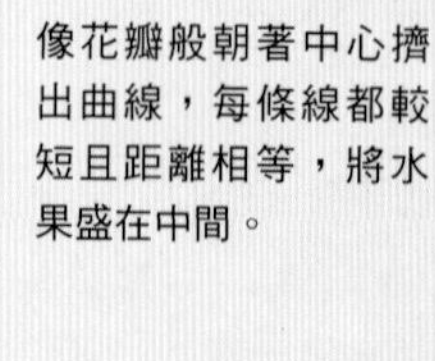

像花瓣般朝著中心擠出曲線，每條線都較短且距離相等，將水果盛在中間。

Arrange Point

從距離緣側約2cm處開始擠鮮奶油，擠到邊緣後，再朝蛋糕中心一邊拉出弧度一邊擠。成品美觀的訣竅，就在於所有線條的大小、角度和間隔都要相同。和原食譜一樣，水果擺放時要顯示出立體感。

用相同的花嘴擠出不同的造型

此處僅改變表層鮮奶油的擠法。即便使用相同的花嘴，花點心思就能簡單地改變外觀。擠花袋的拿法以及擠鮮奶油的基本方法都和原食譜一樣。

擠出不對稱的波浪

設計

一口氣在半邊擠出波浪狀，另外空白的半邊則放上水果或巧克力裝飾（參考124頁）。水果從大的開始放置，擺放時要顯示出立體感。

Arrange Point

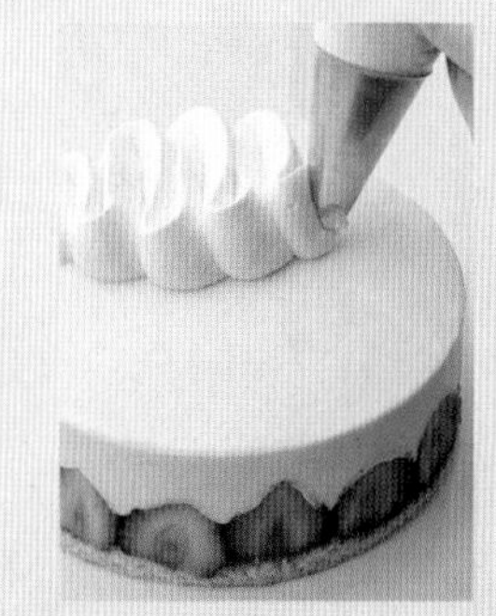

從蛋糕的中心偏右側開始擠，一開始較短，之後慢慢地變長，過了正中間後再慢慢變短，一口氣擠出波浪狀。重點是途中不能改變擠花的寬度，而且擠出的鮮奶油量要保持穩定。擠完後迅速朝內側拉起，鮮奶油就會自然中斷，成品才會美觀。

Original recipe
原食譜

Gina

覆盆莓巧克力蛋糕

濃厚且濕潤的巧克力蛋糕體上塗有薄薄的覆盆莓果醬，再佐以口感清脆的巧克力片，並擠上分量十足又滑順的巧克力鮮奶油。不只外觀有趣，更組合了各種口感的材料，品嚐起來層次豐富。

材料 表面直徑6.5cm、高2cm的塔模4個

巧克力蛋糕體

- 甜巧克力（可可含量55%）……45g
- 無鹽奶油……26g
- 全蛋……45g
- 砂糖……26g
- 可可……12g
- 低筋麵粉……8g

覆盆莓果醬……適量

巧克力裝飾（參考124頁）……5×5cm 4片

巧克力鮮奶油

- 甜巧克力（可可含量55%）……30g
- 鮮奶油……30g
- 鮮奶油……60g

巧克力裝飾（參考124頁）……適量

覆盆莓、金箔……各適量

作法

01

製作巧克力蛋糕體。將奶油、巧克力放入碗中，用微波爐或隔水加熱的方式，邊加熱邊攪拌直到完全融化。不須冷卻，持續保溫維持40度。

02

將全蛋和砂糖放入另一個碗中混合，用打蛋器一邊攪拌，一邊隔水加熱或轉小火加熱至40～45度，用手提打蛋器高速打發。因為加熱的緣故蛋液會冒泡。

03

膨脹後繼續打發，直到會殘留打蛋器的痕跡。標準為拿起打蛋器時，會沾黏在打蛋器上然後再緩慢滴落。

04

將1加入3，冷卻的話麵團會緊縮，所以倒入時一定要維持在溫熱的狀態。用打蛋器從底部往上大面積混合。

Point!

混合得太仔細的話，油脂會破壞蛋液的氣泡，所以不用完全混合，最好顏色稍微斑駁。

05

將可可、低筋麵粉混合撒入，用橡膠刮刀從底部往上翻攪，仔細地混合。

06

直到看不見粉末，呈現有點斑駁的狀態後，再稍微混合。

07

整體混合至近乎均勻。

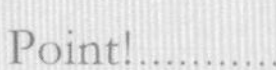

Point!

混合不足的麵團會過度膨脹，口感會過於蓬鬆，所以要仔細混合。

08

將紙張剪裁成和模具底部相同大小，鋪進紙張後，將7倒入。

09

用180度的烤箱烤焙10分鐘。雖然會膨脹，但從烤箱拿出來後會慢慢萎縮變小。標準為在蛋糕體出爐時插入竹籤，拔出後會有一點生麵團黏在竹籤上的程度。

10

連同模具冰到冷凍庫冷卻後，沿著側面插入刀具，將蛋糕從模具中取出。

Point!

剛出爐的蛋糕十分柔軟，會無法從模具中取出，所以透過充分冷卻緊實麵團後再脫模。

11

在正中間放上少量的覆盆莓果醬。

12

參考124頁製作巧克力片，切成5cm的正方形後置於其上。

13

製作巧克力鮮奶油。將甜巧克力和鮮奶油30g放入容器中，用微波爐加熱至開始沸騰後取出，仔細混合做成甘納許。放進冷藏庫冷卻。

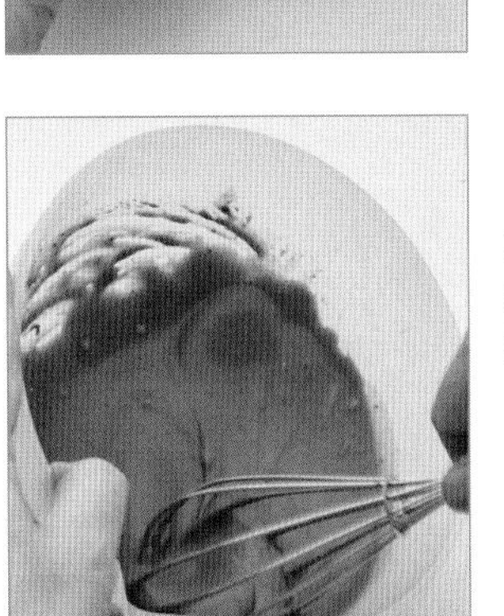

14

冷卻至微溫且沒有凝固的狀態後，加入60g液態鮮奶油，用打蛋器打發。

15

打發至堅挺且呈固體狀，需注意打發過頭的話會變得乾燥。

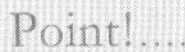

Point!

做好巧克力鮮奶油後就要盡快擠到蛋糕上。放置冷卻的話會凝固，無法回復平滑的狀態。

16

放入8齒的大號星形花嘴擠花袋中，螺旋狀旋轉2圈擠在**12**上。冰到冷藏庫20分鐘，讓奶油定型。

Point!

如果壓著花嘴擠的話會破壞擠花，無法製造出立體感。較好的方式是讓花嘴稍微浮在空中，擠的時候奶油像是微微垂落。

17 以巧克力、覆盆莓和金箔裝飾。

變化食譜

Arranged recipe from Yanis

用同樣花嘴裝飾圓蛋糕

烤焙圓蛋糕，使用和原食譜相同的大號星形花嘴，以分量十足的鮮奶油裝飾。

模具大小

直徑15cm的圓形活底蛋糕模

分量變化

巧克力蛋糕體及巧克力鮮奶油的分量為原食譜的1.5倍。
覆盆莓果醬使用20g。

Arrange Point

1 在模具底部及側面鋪上烘焙紙，倒入巧克力麵團，用180度的烤箱烤焙13分鐘。置於冷藏庫冷卻後，脫模，撕下烘焙紙。在正中間塗上覆盆莓果醬。

2 將巧克力鮮奶油放入和原食譜相同的星形花嘴擠花袋中，在圓蛋糕的邊緣像畫小圓圈般擠1圈，這叫做玫瑰擠花。

3 如果壓著花嘴擠的話奶油分量會不足，擠的時候稍微浮在空中，讓奶油像垂落般擠出。用玫瑰擠花繞蛋糕一圈。

4 正中間也擠上玫瑰花，冰在冷藏庫20分鐘，讓奶油定型。

5 在蛋糕邊緣用調味罐或濾茶網撒上防潮糖粉。

6 參考124頁製作巧克力薄片，切成大片狀。使用金箔噴霧，以覆盆莓、冷凍紅醋栗、蛋糕插牌裝飾。

Original recipe
原食譜

Régine
阿帕蕾檸檬塔

在烤好的空塔皮中倒入檸檬風味的蛋奶醬，再以檸檬醬包覆，就變身成鮮豔的黃色甜點，味道清爽。擠上一大球白巧克力鮮奶油，並放上紅莓果和巧克力裝飾，成品的色彩繽紛華麗。白巧克力鮮奶油不僅外觀美麗，還能中和檸檬的酸味，平衡味道也是它的任務之一。

材料 7cm的正方形塔模4個

甜塔皮（此處只使用1/2量）

- 無鹽奶油……35g
- 糖粉……25g
- 蛋黃……1顆
- 低筋麵粉……70g

檸檬醬

- 檸檬汁、皮……1/2顆分
- 蛋白……25g
- 蛋黃……1顆
- 砂糖……25g
- 吉利丁粉……3g
 （加水15g泡發）

阿帕蕾檸檬蛋奶醬

- 奶油起司……60g
- 檸檬醬……前面取50g

白巧克力鮮奶油

- 白巧克力……25g
- 鮮奶油……15g
- 鮮奶油……70g

裝飾

- 覆盆莓、冷凍紅醋栗……各適量
- 巧克力裝飾（參考124頁）……適量

作法

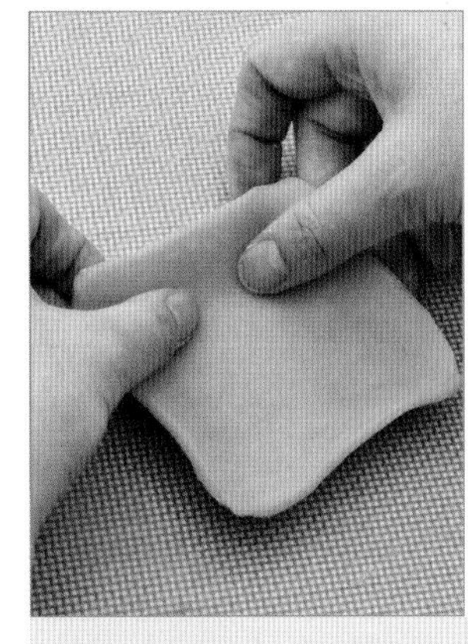

01

參考127頁製作甜塔皮，將一半分量的材料分成4等分，剩餘材料不會使用（可冷凍保存）。各自延展成9cm的正方形，鋪進模具中貼合。

Point!

因為是小塔，延展時麵團要比較薄，只是鋪進模具貼合後，麵團可能會變得更薄，烤焙後就會難以從模具中拿出，甚至可能會破裂，所以要注意，尤其是邊緣的部分不能太薄。

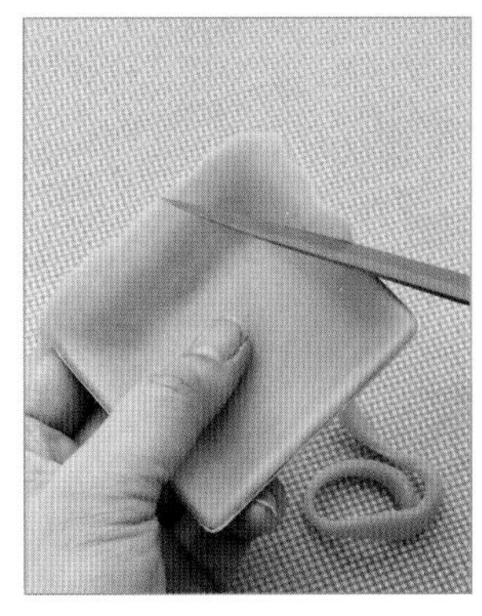

02

用刀具切除多出來的麵團。

03

用叉子在底部均勻地點出孔洞。放上相同形狀的模具，用180度的烤箱烤焙10分鐘。

Point!

放上模具時不要壓進去，因為之後會難以拿出來，所以輕放即可。沒有模具的話可以用展開的鋁箔杯代替，或放入烘焙重石。

04

當邊緣出現焦色時輕輕拿起模具，再烤焙4～5分鐘直到底部也呈現焦色為止。

05

烤好後稍微冷卻至微溫，脫模。若想維持塔皮酥鬆的口感，可以融化塗層用白巧克力，然後用毛刷薄薄地塗在內側，冷卻凝固。巧克力可以防止阿帕蕾的水分滲入塔皮中。

需注意剛烤好的塔皮還很脆弱，容易被破壞，冷卻後也很難拿出來，所以脫模的最好時機是冷卻至微溫時。

06

將除了吉利丁以外的檸檬醬材料混合，轉小火，一邊用隔水加熱的方式煮，一邊混合，直到呈些許晃動的程度。

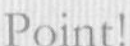

加熱不足的話會不夠濃稠，留有蛋腥味；加熱過頭的話，奶油會分離，出現粉粒，無法變成滑順的鮮奶油。

07

關火取下，加入已泡發的吉利丁溶解。用濾茶網過濾，放置於常溫冷卻。

過濾能去除蛋液中的固態物質和果肉等，讓口感更滑順。

08

製作阿帕蕾。仔細攪拌已放軟的奶油起司，使之變得平滑。從**7**的檸檬醬中取50g，加入奶油起司中混合。將剩餘的檸檬醬置於一旁。

09

分成4等分倒入**5**的塔皮中。

10

用抹刀抹平至邊緣，冷卻凝固。

烤好的空塔皮很易碎，拿取時要小心。

11

等阿帕蕾凝固後，將剩餘的檸檬醬均勻地塗於表面。放進冷藏庫再度冷卻。

> Point!
>
> 塗抹時檸檬醬會很快凝固，所以放上去後就抹平，不要來回分數次抹。

12

製作白巧克力鮮奶油。將白巧克力和鮮奶油15g放入容器中，以微波爐加熱。開始沸騰後取出，仔細混合，製作甘納許。

13

冰到冷藏庫冷卻，在快凝固前取出，加入液態鮮奶油70g混合。用打蛋器打發至出現角度但不堅挺的程度。注意不要打發過頭，鮮奶油會變得乾癟。

> Point!
>
> 打發太快的話會容易凝固，所以用手提打蛋器會打發過頭，建議用一般手動打蛋器。做好的鮮奶油也會因為冷卻而凝固，所以要立即擠到塔上。

14

將白巧克力鮮奶油放入20mm聖多諾黑花嘴的擠花袋中，在**11**的表面擠波浪狀。

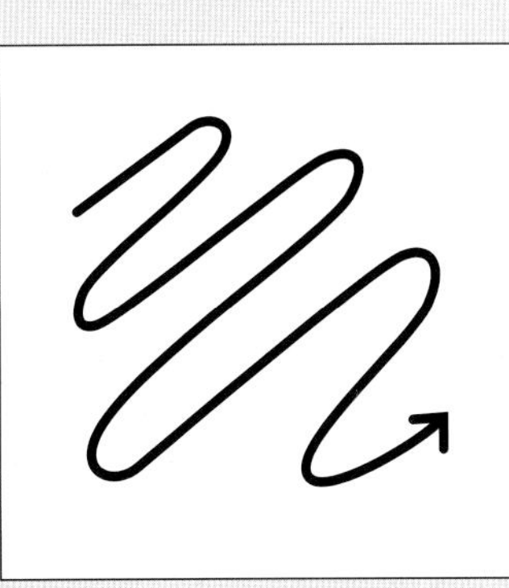

> Point!
>
> 垂直拿著擠花袋，配合塔皮的寬度擠。一開始最短，然後慢慢加長波浪的幅度，過了正中間後再縮短，一口氣擠完。重點為擠的途中寬度都要一致，擠出的鮮奶油量也要保持穩定。擠完後將花嘴快速地朝旁拉起，鮮奶油就會自然中斷，成品才會美觀。

15

放上覆盆莓、冷凍紅醋栗，將巧克力片插在鮮奶油上裝飾。

變化食譜

Arranged recipe from *Régine*

用圓塔及圓形花嘴
簡單裝飾

此變化食譜為容易製作的基本款。傳統的圓形塔模充滿魅力，因為沒有角度，麵團較容易鋪進去，阿帕蕾也更好倒入。用圓形花嘴擠出大小不一的鮮奶油球，看起來非常可愛，卻比使用聖多諾黑花嘴簡單多了。以白巧克力做成的細長線條取代巧克力片，再用季節水果裝飾。

模具大小

直徑7cm、高1.6cm的圓形塔模

分量變化

原食譜的分量可做約4個

裝飾用花嘴

直徑1cm的圓形花嘴

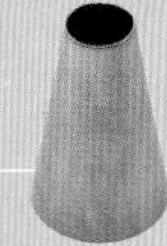

Arrange Point

1 改變模具，但製作方法和原食譜相同。不過此款模具比較深，所以烤焙塔皮時要先鋪上鋁箔杯，再放入烘焙重石。需注意邊緣不能太薄。

2 用隔水加熱的方式融化適量的白巧克力，放入擠花袋中，在尖端剪出細小的缺口，於左側表面隨意地擠出細長線條。

3 將白巧克力鮮奶油放入1cm圓形花嘴的擠花袋中。於塔上方的1cm處垂直拿著擠花袋，施力擠壓後放開，迅速往正上方拉就能擠出美麗的奶油球，在表面右側擠出幾個大小不一的奶油球。可在線條上撒上切碎的開心果，並以季節水果裝飾。此處使用的是美國賓櫻桃和冷凍紅醋栗。

Lindsy

檸檬白巧克力慕斯

此款甜點的組成單純，即為檸檬風味的白巧克力慕斯和水果，但使用了修長型的矽膠模具，並以豔麗的鏡面果膠裝飾，水果和鮮奶油將成品妝點得多彩又華麗。即使是食譜步驟簡單的甜點，只要在造型和裝飾上花心思，就能變身成流行的款式。

材料

閃電泡芙矽膠模具5條
（關於閃電泡芙模具請參考29頁）

甜塔皮（此處只使用1/2量）

- 無鹽奶油……35g
- 糖粉……25g
- 蛋黃……1顆
- 低筋麵粉……70g

檸檬白巧克力慕斯

- 白巧克力……60g
- 牛奶……60g
- 砂糖……15g
- 吉利丁粉……4g
（加水20g泡發）
- 檸檬皮……1/3顆分
- 檸檬汁……10g
- 鮮奶油（打發7分）……100g

冷凍覆盆莓（不解凍）……35g

紅色鏡面果膠（3條分）

- 覆盆莓果泥……30g
- 吉利丁粉……7g
（加水35g泡發）
- 鏡面果膠（非加熱型）……100g

裝飾

- 鮮奶油……50g
- 砂糖……5g
- 草莓、覆盆莓、冷凍紅醋栗等莓果類……各適量
- 金粉……適量

事前準備

參考127頁製作甜塔皮，放進冷藏庫1小時以上。

作法

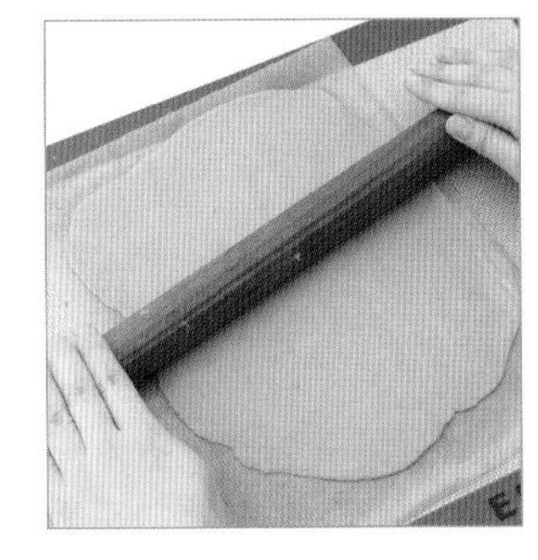

01

將甜塔皮麵團放在烘焙紙或料理紙上，一邊撒上麵粉（分量外），一邊用擀麵棍延展成3mm厚的長方形。連同烘焙紙一起冷卻，以緊實麵團。

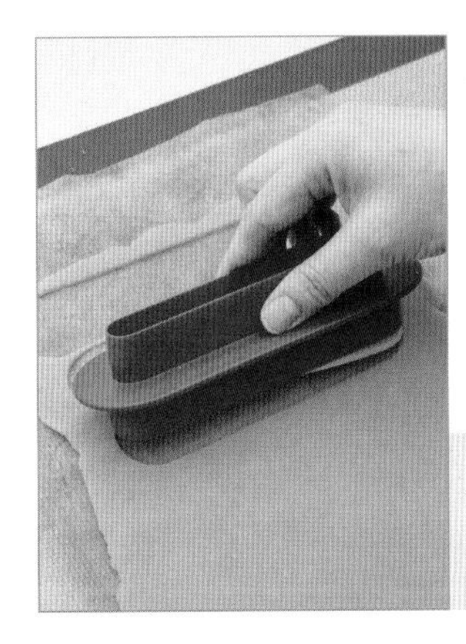

02

為了便於壓模，可先將麵團從烘焙紙上撕下，再放回去。用大的閃電泡芙壓模切出5條。

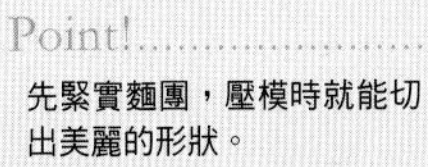

Point!

先緊實麵團，壓模時就能切出美麗的形狀。

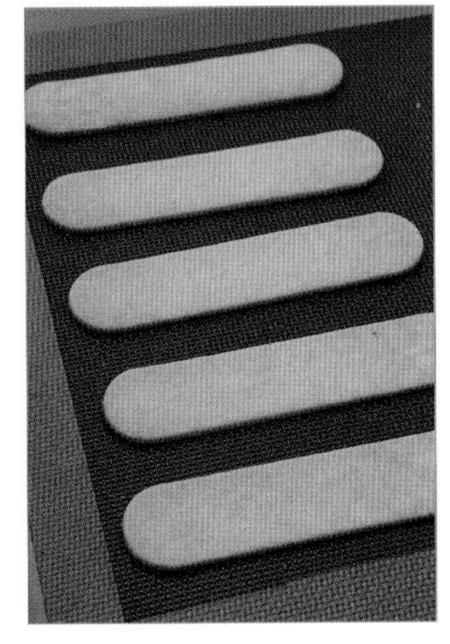

03

將**2**放到烤盤的烤墊上，用180度的烤箱烤10分鐘，直到全體呈焦色。如果沒有烤墊，也可以用叉子在底部均勻地點出孔洞，再放到烘焙紙上烤焙（參考43頁）。因為烤好的塔皮細長且易裂，冷卻後要輕輕地從烤墊上拿下來。

04

製作檸檬白巧克力慕斯。將白巧克力、半量的牛奶、砂糖放到碗中，用微波爐加熱，開始沸騰後取出，均勻地混合溶解。

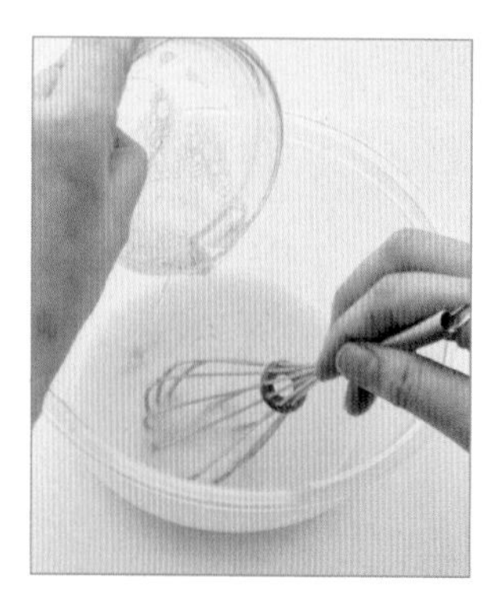

05

加入混合剩餘的牛奶及已泡發並用微波爐溶解的吉利丁。

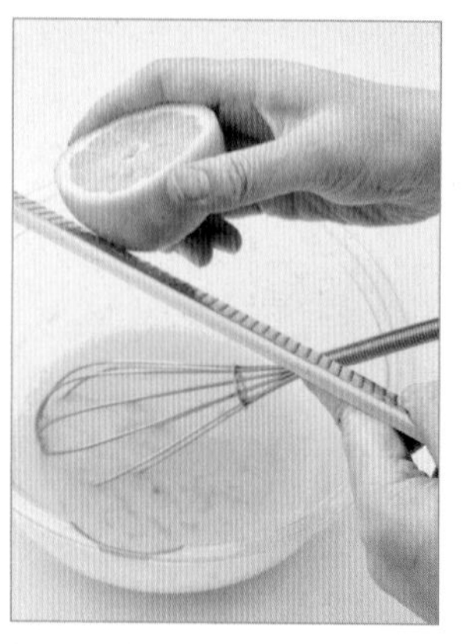

06

加入刨碎的檸檬皮。白色的部分會有苦味，所以僅刨碎黃色的表皮。加入擠好的檸檬汁。

07

將碗放入冰水中，一邊混合一邊冷卻，直到隱約出現勾芡。加入打發7分的鮮奶油混合。

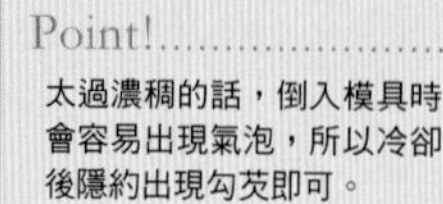

Point!

太過濃稠的話，倒入模具時會容易出現氣泡，所以冷卻後隱約出現勾芡即可。

08

將檸檬白巧克力慕斯放入擠花袋中，在尖端剪小於1cm的缺口，於模具底部擠30g。

09

拿起模具兩端敲打檯面，去除氣泡。

Point!

因為細長型模具容易產生氣泡，所以要仔細敲打以去除氣泡。如果氣泡進去的話，上層的側邊就會出現孔洞，成品變得不美觀。

10

用湯匙背面將慕斯抹至緣側，正中間呈凹槽狀。

11

將沒有解凍的冷凍覆盆莓剝碎，放入**10**的正中央。

12

擠上剩餘的檸檬白巧克力慕斯，用抹刀抹平。冷凍直到完全定型。

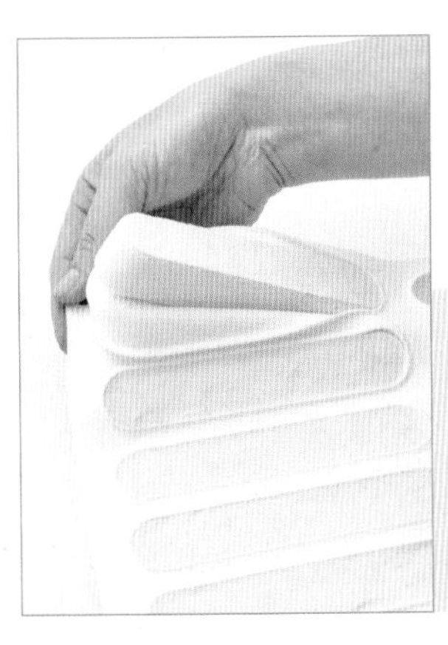

13

將模具反壓，拿出成品。

Point!

拿出來後，若長時間置於常溫中，表面就會結霜，難以淋上鏡面果膠。如果沒有要立即裝飾的話，就放到密封容器中，冰到冷凍庫。

14

製作紅色鏡面果膠。將已泡發並用微波爐溶解的吉利丁加到覆盆莓果泥中，再以濾茶網過濾。加入鏡面果膠混合。

15

將碗放到冰水中，輕輕地用橡膠刮刀混合冷卻，直至出現勾芡。

16

在烤盤或托盤上放置網格，將3條冷凍慕斯分開放好。用湯勺舀出紅色鏡面果膠，淋在上面，讓多餘的果膠滴落。

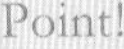

Point!

一口氣將果膠大量的淋上去，果膠就會自然地順勢滑落，即能均勻地包覆慕斯，而非分段淋上去。需仔細確認是否有沒有包覆到的地方。

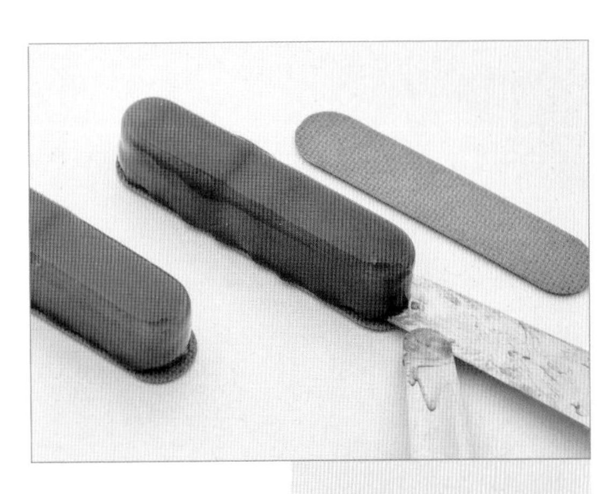

17

使用2把抹刀拿起慕斯，輕輕放到甜塔皮的正中間。因為基底細長，所以放置時要對準正中央。

Point!

剩下的2條因為不淋鏡面果膠，所以直接放到甜塔皮上。在甜塔皮上塗抹少量的裝飾用鮮奶油當作接著劑，放上慕斯時就會比較牢固。

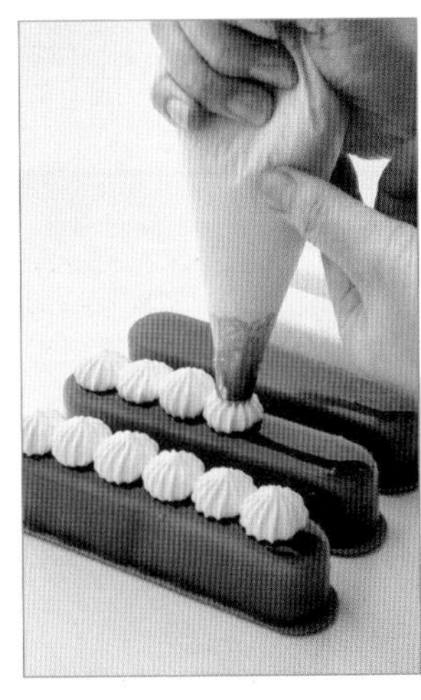

18

將裝飾用鮮奶油和砂糖混合，打發至8分，放到14齒的星形花嘴擠花袋中。從緣側開始擠6個圓球。

Point!

於距離蛋糕上空1cm處垂直拿著擠花袋，施力擠完後放開，迅速往正上方拉起，就能擠出漂亮的形狀。每個擠花的大小及距離要相等。

19

將草莓切成圓形薄片、覆盆莓分成4等分裝飾於蛋糕上，再放上冷凍紅醋栗，撒上金粉。

芒果鏡面果膠是夏天的滋味

將紅色鏡面果膠的果泥替換成黃色芒果泥，轉換成完全不同的形象。配合成品的色澤，將內餡也改成芒果，味道就會變成南國風情。

分量變化

內餡的冷凍覆盆莓改成8mm的芒果塊。
參考23頁製作芒果鏡面果膠。

裝飾用花嘴

3號的玫瑰花嘴（開口長2cm）

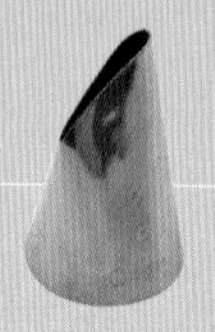

Arrange Point

1 將內餡改為芒果，製作慕斯的過程和原食譜相同。用芒果鏡面果膠包覆3條慕斯，其它的用少量打發鮮奶油塗在甜塔皮上當作接著劑，將剩下的慕斯放到甜塔皮上固定。

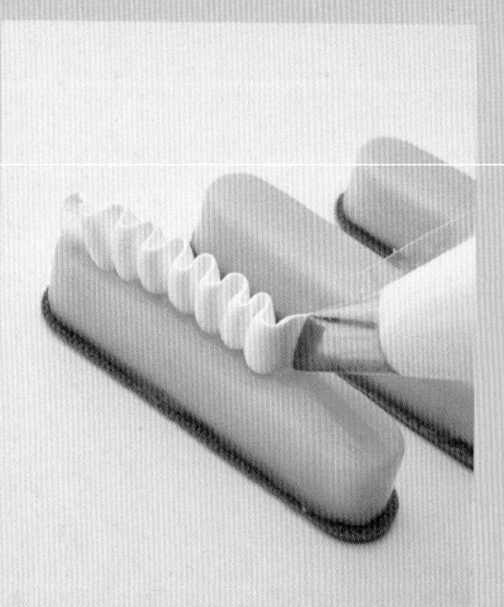

2 將裝飾用鮮奶油放進玫瑰花嘴的擠花袋中，斜拿著擠花袋，從慕斯緣側朝向自己擠出小波浪狀。垂直拿著擠花袋擠的話，鮮奶油會倒塌。擠的時候花嘴要貼近表面，不要懸在空中才會擠得漂亮。

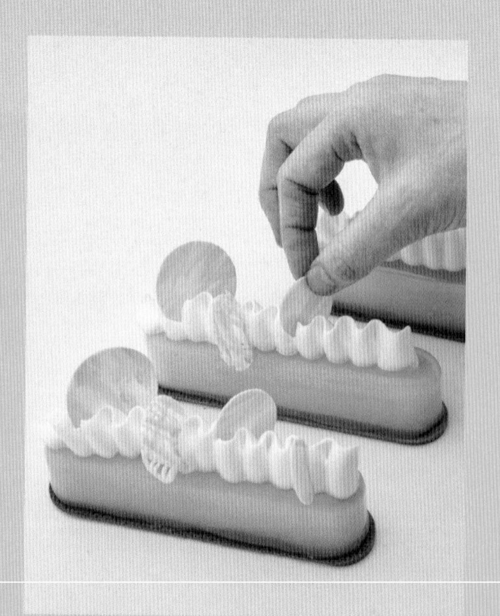

3 撒上金粉，插上塗成黃色的巧克力片。製作巧克力片時，先溶解油性巧克力色素，用毛刷隨意塗在玻璃紙上，風乾後，將調溫後的白巧克力延展成薄薄一片，再壓出圓形（參考124頁）。

變化食譜

Arranged recipe from Lindsy

Repin

瓦片巧克力塔

以含有堅果碎粒的苦巧克力包裹巧克力慕斯，再放到酥鬆的巧克力甜塔皮上。表層裝飾是味道溫和的牛奶巧克力鮮奶油，再疊上口感酥脆的瓦片餅乾，成品印象優雅穩重。苦&甜、軟&脆，不同風味和口感的元素交織在一起，所以即使所有部位的基底都只使用巧克力，但卻能夠品嚐出深邃的味道。

材料 直徑6cm、高2.5cm的中空圈模4個

巧克力甜塔皮（此處只使用1/2量）

- 無鹽奶油……35g
- 糖粉……25g
- 蛋黃……1顆
- 低筋麵粉……65g
- 可可……10g

苦巧克力慕斯

- 牛奶……50g
- 砂糖……15g
- 蛋黃……1顆
- 吉利丁粉……2g
（加水10g泡發）
- 苦巧克力（可可含量65%，切碎）……35g
- 鮮奶油（打發7分）……45g

可可瓦片

（表面直徑6cm、底部直徑5cm的矽膠模具8個）

- 無鹽奶油……7g
- 水……10g
- 砂糖……14g
- 低筋麵粉……7g
- 可可碎粒……7g

淋醬

- 杏仁角……15g
- 塗層用苦巧克力……50g
- 苦巧克力（可可含量65%）……50g
- 沙拉油……10g

歐蕾巧克力鮮奶油

- 牛奶巧克力（可可含量40%）……35g
- 鮮奶油（打發7分）……35g

金箔……適量

事前準備

- 參考127頁製作巧克力甜塔皮，此處將低筋麵粉和可可一同加入。冰在冷藏庫1小時以上。
- 將模具放在鋪了保鮮膜的托盤上，並在模具周圍輕輕包裹保鮮膜以固定模具。

作法

01

將巧克力甜塔皮麵團放在烘焙紙或料理紙上，一邊撒上麵粉（分量外），一邊用擀麵棍延展成3mm厚。連同烘焙紙一起放進冷藏庫冷卻，以緊實麵團。

Point!
先緊實麵團，壓模時就能切出美麗的形狀。

02

為了便於壓模，可先將麵團從烘焙紙上撕下，再放回去。用直徑7.5cm的菊花型模具切出4片。

03

將2放到烤盤的烤墊上，用180度的烤箱烤10分鐘，直到全體呈焦色。如果沒有烤墊，也可以放到烘焙紙上，用叉子在底部均勻地點出孔洞後再烤焙（參考43頁）。

04

製作苦巧克力慕斯。參考29頁，製作英式蛋奶醬，立即加入已泡發的吉利丁，用餘熱使之溶解。

05

將切碎的苦巧克力放入碗中，將4分2次倒入，每次倒入都要仔細混合，融化巧克力。

06

將碗放入冰水中，一邊混合一邊冷卻，注意不要冷卻過頭使材料變得濃稠。也可以靜置冷卻。

07

分2次加入打發7分的鮮奶油，均勻地混合。

08 將慕斯分成4等分倒入事前準備的模具中，冰到冷凍庫完全定型。因為慕斯的分量較少，不用倒滿也沒關係。

Point!

冷凍後的慕斯比較好淋醬。

09

烤焙可可瓦片。用微波爐融化奶油，依序加入水和砂糖，混合攪拌。

10

撒入低筋麵粉、加入可可碎粒混合。

11

分成8等分放入矽膠模具，粗略整平。

Point!

烤焙也會讓麵團延展變平，所以只要粗略整平即可。因為很容易碎裂，所以連同備用餅乾烤8片比較安心。

12

用180度烤箱烤10分鐘，冷卻後從模具取出。

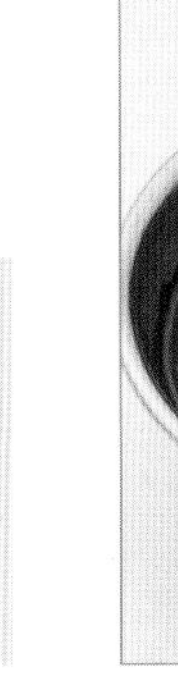

Point!

剛出爐的餅乾會很柔軟，但冷卻後就會變得堅硬。冷卻後只要輕壓模具底部就能拿出餅乾，因為餅乾很脆弱所以動作要謹慎。

13

製作淋醬。將杏仁角鋪在烤盤上，用180度的烤箱烤6～7分鐘，直到散發香氣、顏色變深後冷卻。

14

將杏仁角以外的材料混合，用隔水加熱的方式溶解。加入冷卻後的杏仁角混合，調整至30～35度（微溫程度）。

15

參考127頁，拔除巧克力慕斯的模具。直到要淋醬前都請放在冷凍庫中，表面才不會結霜。

16

將叉子插入慕斯的正中央，將慕斯水平地浸泡在淋醬裡。浸泡時盡可能地泡至緣側，但不要沾到表面。

17

拿起來後，用叉子輕敲碗邊，讓多餘的淋醬滴落。不要來回旋轉，讓多餘的淋醬從同1個地方滴落，成品才會漂亮。

18

手放在慕斯下方，固定慕斯後，輕輕從底部拔掉叉子。

Point!

不是將慕斯從叉子上拔下，而是固定慕斯，將叉子從底部拔除。

19

用叉子盛著慕斯，輕輕地將慕斯放在**3**甜塔皮的正中央。

20

製作歐蕾巧克力鮮奶油。用隔水加熱的方式融化牛奶巧克力，調整至40度（感覺溫暖的程度）。加入半量的打發7分鮮奶油，混合攪拌。

21

等到變成甘納許的狀態後，再加入剩餘的鮮奶油，輕輕地混合，再改用橡膠刮刀攪拌。

22

放入直徑7mm圓形花嘴的擠花袋中，於**19**的表面從中心往外擠出漩渦狀。

Point!

於距離蛋糕約1cm的上空處，垂直拿著擠花袋，擠的時候鮮奶油有點像滴落的方式出來，整體厚度就會均一。

23

放上可可瓦片，以金箔裝飾。

變化食譜

Arranged recipe from

Repin

巧克力勳章的簡單設計
&
焦糖鮮奶油的豪華裝飾

這個僅放上「巧克力勳章」的簡單設計，捨棄了一切多餘的裝飾，僅使用封蠟章製作巧克力片，也因為沒有了味道溫和的那部分，無論是外表還是味道都十分苦澀，是一款大人甜點。另一個則是表面有大量焦糖鮮奶油的豪華款，搭配著含有大量空氣的鮮奶油一起食用，連巧克力慕斯的口感都變得輕盈起來。

變化食譜

Arranged recipe from Repin

巧克力勳章

Arrange Point

1 巧克力裝飾所使用的2種道具。封蠟章本來是用來緘封信紙的道具，在文具店或網路商店能買到各種款式和尺寸。本來用於電腦等物品的除塵空氣罐，此處則是用來吹涼及凝固融化的巧克力，可在五金行買到。

2 參考124頁，將巧克力調溫，巧克力種類可以挑自己喜歡的。放入塑膠製的擠花袋中，在尖端剪出7～8mm的缺口，在玻璃紙上擠出直徑1.5cm（比起使用的封蠟章的直徑再小一點）的隆起圓球。請擠出好幾個相同尺寸的圓球。

3 倒放除塵空氣罐，將封蠟章的金屬部分吹到冷卻變白為止，倒著使用冷卻效果更佳。

4 立即用封蠟章在巧克力表面輕壓，製造花紋。印章垂直蓋下去，但不要太過用力，要趁巧克力未凝固前盡快作業。

5 輕輕拿起印章，讓巧克力冷卻凝固。如果印章溫度升高，就會無法從巧克力上拿起，所以要用除塵空氣罐一邊冷卻一邊作業。凝固後撕下玻璃紙，可以按照喜好用筆尖沾撒一層薄薄的珍珠粉。放到以淋醬包裹的巧克力慕斯上面。

焦糖鮮奶油裝飾

裝飾用花嘴

大號的8齒星形花嘴

Arrange Point

1 製作焦糖鮮奶油。將鮮奶油20g煮到快沸騰後放至微溫。在別的小鍋中加入砂糖20g、水10g，開中火熬煮，煮到深褐色後加入微溫的鮮奶油，混合攪拌。冷卻後加入打發6分的鮮奶油70g，用橡膠刮刀攪拌至出現直角的程度。

2 放入星形花嘴的擠花袋中，擠在以淋醬包裹的巧克力慕斯上面，像畫螺旋狀般擠2圈（參考95頁）。花嘴要稍微浮在空中，以免破壞到擠花。最後用巧克力片（參考124頁）裝飾。

Original recipe
原食譜

Deux Palais

粉紅巴黎

由粉色慕斯和鮮奶油堆疊而成的少女甜點。多層次的杏仁蛋糕體，不只夾著含有大量覆盆莓果粒的奶油慕斯，更夾著1層能夠控制甜度的覆盆莓果醬。鮮紅的果醬，不只凸顯味道，更能為外觀添色。蛋糕體上塗滿了含有果汁的賓治酒，濕潤的美好口感讓人無法想像這是奶油慕斯蛋糕。最後在表面撒上粉色脆皮，為顏色帶來統一感。

Deux Palais

材料 長約11cm的模具5條

法式杏仁海綿蛋糕體

- 蛋白……50g
- 砂糖……30g
- 全蛋……35g
- 糖粉……25g
- 杏仁粉……25g
- 低筋麵粉……22g

果醬

- 冷凍覆盆莓（解凍）……55g
- 水……20g
- 砂糖……15g
- 果膠……3g
- 檸檬汁……1小匙

覆盆莓奶油慕斯

- 冷凍覆盆莓（解凍並切碎）……50g
- 無鹽奶油（回歸常溫）……50g
- 砂糖（蛋白霜用）……10g
- 覆盆莓利口酒……5g
- 蛋白……15g
- 砂糖……15g

賓治酒（混合材料）

- 冷凍覆盆莓果泥（解凍）……40g
- 水……20g
- 覆盆莓利口酒……20g

覆盆莓鮮奶油

- 冷凍覆盆莓果泥（解凍）……25g
- 白巧克力（切碎）……25g
- 鮮奶油（打發6分）……40g

粉紅脆皮

- 砂糖……35g
- 水……12g
- 紅色食用色素……微量
- 杏仁角……40g

裝飾

- 覆盆莓、開心果、蛋糕插牌……各適量

事前準備

脆皮用的杏仁角，先用180度烤箱烤5～6分鐘，直到顏色稍微變深。

作法

01 參考76頁，製作沒有加咖啡和核桃的杏仁海綿蛋糕體。在烘焙紙上用抹刀延展成26×21cm，用200度烤箱烤焙8分鐘。蓋上烘焙紙冷卻，以防乾燥。

02 製作果醬。將解凍的覆盆莓和水加入小鍋中，再加入砂糖和果膠的混合物，轉中火，一邊攪拌一邊熬煮。

03

煮到呈黏稠狀後加入檸檬汁，再稍微煮一會後關火。倒入碗中放涼。

04

製作覆盆莓奶油慕斯。將奶油放在室溫中，攪拌成美乃滋狀，分3次倒入切碎的覆盆莓，每次倒入時都用手提打蛋器混合至泛白為止，加入砂糖10g、利口酒。

05

將蛋白放入別的碗中打發，途中加入砂糖15g，製作堅挺的蛋白霜。倒入**4**，直接混合。

Point!

砂糖比例高的時候會較難打發，但持續打發就能做出堅挺的蛋白霜，所以打發時要有耐心。

06

混合至隱約還看得見蛋白霜為止，注意不要混合過頭。

Point!

因為奶油的油脂會消除蛋白霜的氣泡，所以不要攪拌太久。

07

組合蛋糕。撕下蛋糕體的烘焙紙，十字切成2片13×14cm、2片13×7cm，將2片小的合起來變成13×14cm。用毛刷在烤焙面塗滿賓治酒。

08

在1片蛋糕體塗上一半分量的奶油慕斯，用抹刀抹平，確實地抹至邊緣，塗出來也沒關係。

09

將合起來的蛋糕體的烤焙面塗滿果醬。

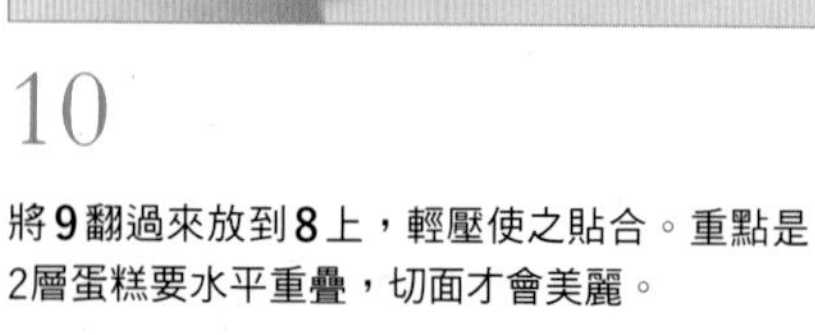

10

將**9**翻過來放到**8**上，輕壓使之貼合。重點是2層蛋糕要水平重疊，切面才會美麗。

11

將剩餘的賓治酒塗一半分量於表面。

12

塗上剩餘的奶油慕斯，用抹刀抹平，確實地抹至邊緣。將最後一片蛋糕體翻過來放上去，輕壓使之貼合。塗上剩餘的賓治酒。

13

製作覆盆莓鮮奶油。將覆盆莓果泥和白巧克力放入容器中，用微波爐加熱，開始沸騰後取出，仔細混合成甘納許。

14

於室溫中冷卻，加入打發6分的鮮奶油，用橡膠刮刀混合攪拌。

Point!

需注意加入打發鮮奶油後不要混合過頭，奶油會變得乾燥。

15

用抹刀塗在**12**表面，厚度要平均。放置於冷藏庫冷卻。

16

製作粉紅脆皮。將砂糖、水、微量紅色食用色素放入小鍋中，轉中火。

雖然最後成品的顏色會比糖漿的色澤再淺一點，但還是要注意不要放太多紅色食用色素，顏色會變得太紅。

17

熬煮糖漿至一定的濃度（約118度）後關火，立即加入烤過的杏仁角，仔細混合。

糖漿煮得不夠久的話，之後會無法結晶化。需先確認濃度後再進行下一步驟。

18

持續混合直到糖漿結晶化，變得泛白並呈粒狀。

19

鋪到烘焙紙上，完全冷卻。

20

進行裝飾。稍微加溫刀具，將**15**的4邊切齊，並切成5等分。每切一次都要擦拭刀具、重新加溫後再切，切口就會漂亮。

21

撒上脆皮，用指尖輕壓固定。以覆盆莓、切碎的開心果裝飾，也可以插上蛋糕插牌。

變化食譜

Arranged recipe from Deux Palais

豪華裝飾大蛋糕

不用將出爐的蛋糕切成數等分，直接以大蛋糕的形式呈現。不使用脆皮，改用刮板於表面描繪出花紋，再以粉色馬卡龍裝飾，這款華麗蛋糕十分適合用來慶祝紀念日。

Arrange Point

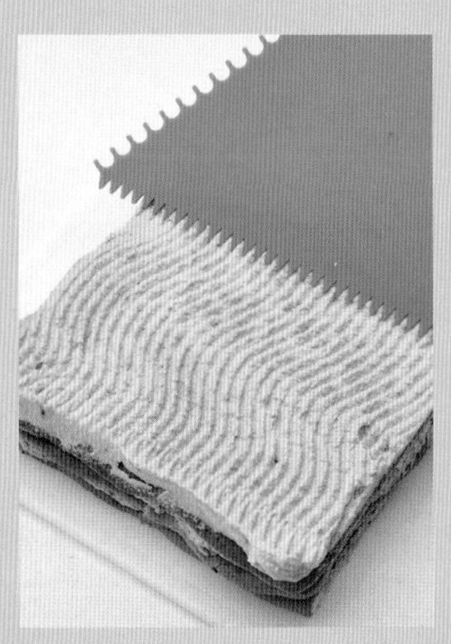

1 製作流程和原食譜相同。塗滿覆盆莓鮮奶油後，用三角齒刮板輕輕地於表面描繪出和緩的波浪紋路，訣竅為要水平地拿著刮板。如果將刮板直立，強行壓在表面的話，會破壞鮮奶油。

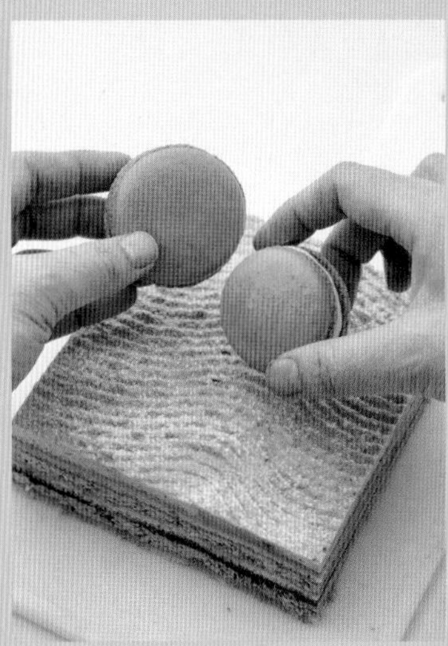

2 置於冷藏庫冷卻定型。將4邊切齊，把粉色馬卡龍（可使用市售品）平均放好，以覆盆莓、金箔、切碎的開心果裝飾。也可以插上蛋糕插牌。

如果想動手作馬卡龍，
可以參考我這本
給初學者的詳細解說書！

讓裝飾更精緻

挑戰巧克力裝飾

在蛋糕上添加細緻的巧克力裝飾，會呈現出立體感，看起來完成度更高。只要確實按部就班，誰都能做出漂亮的成品。讓我們花點心思在最後裝飾，以做出精緻的蛋糕為目標吧！

基本的調溫

僅是透過冷卻，融化過的巧克力仍無法重回原本的硬度及光澤感，因此製作巧克力裝飾時，必須要進行名為「調溫」的溫度調節。如果調溫不正確的話，做出來的裝飾會馬上融化、沒有光澤，或難以從模型中取出。無論製作什麼樣子的裝飾，都必須要一邊用溫度計測量一邊製作。

1 融化巧克力

粗略地將巧克力切塊，放入不鏽鋼碗中，用鍋子把水燒開，轉母火，讓碗浮在水上，以隔水加熱的方式使巧克力融化，提升巧克力的溫度，苦巧克力為45～50度，牛奶、白巧克力為40～42度。

Point!

使用的鍋子與碗的直徑要大致相同，鍋子太大的話，巧克力會碰到熱氣，甚至淋到熱水；相反的，碗太大的話，會直接碰到鍋子的熱度，巧克力的溫度會過高。

2 冷卻巧克力

將3～4顆冰塊放進水中，然後將碗放到冰水裡，用橡膠刮刀緩慢地混合。巧克力會從邊緣開始慢慢地冷卻，當開始出現小小的結塊時，將碗從冰水中拿出。

Point!

此處冷卻不足的話，之後巧克力會無法凝固，會難以從模具取出、或者變成容易融化的巧克力裝飾，必須注意。

3 再一次隔水加熱

這次的溫度不要太高，稍微加熱後就取出，混合攪拌讓巧克力慢慢融化。重複隔水加熱、取出的動作，巧克力會逐漸融化，結塊會消失，當巧克力變得滑順時即是完成。苦巧克力的溫度為31度，牛奶、白巧克力是29度，當溫度過高時，就從步驟1重來。

Point!

當想要融化碗或橡膠刮刀邊緣的巧克力塊，或只是要稍微提高溫度時，吹風機的熱風十分方便。但是溫度會比想像的還要高，所以不要靠太近。

使用的道具

透明玻璃紙

將用於包裝等用途的透明玻紙剪裁成易於使用的大小。根據造型不同，也可以選用蛋糕圍邊（包在蛋糕周圍的薄膜）。

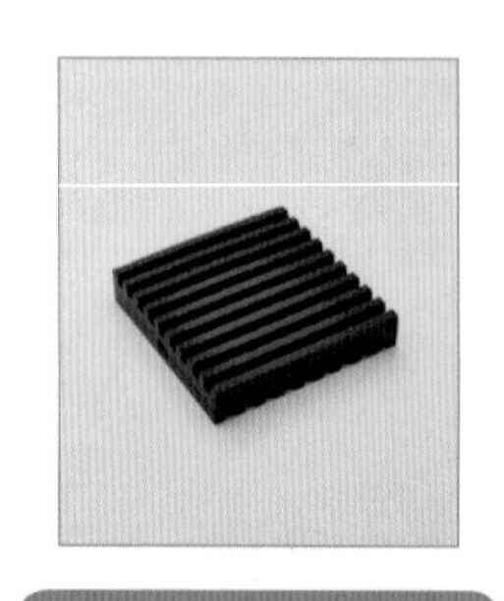

凹凸齒槽的刮板

在巧克力上描繪，即可畫出等距離的線條。也可以用凹凸狀的橡膠防震墊取代，可在五金行購得。

滾輪切刀

將巧克力切成喜歡的造型，也可以使用一般刀具。

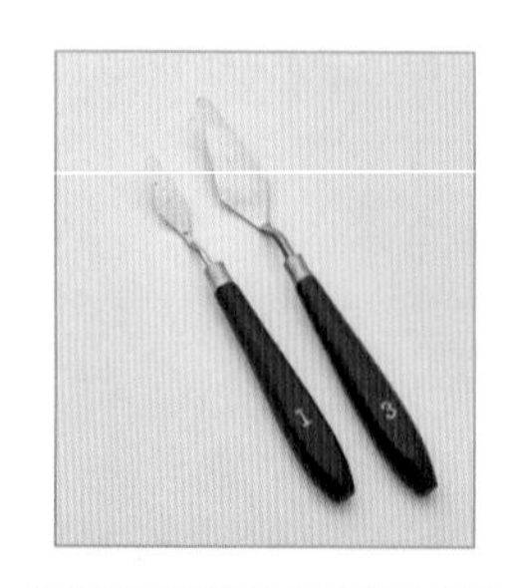

刮刀

使用於高級篇的羽狀裝飾。推薦油畫用的刮刀，較為細長，便於使用。

巧克力裝飾的變化

無論哪種裝飾，保存時請放入密封容器，不要撕掉玻璃紙，置於冷藏庫。可保存2～3週。

薄片

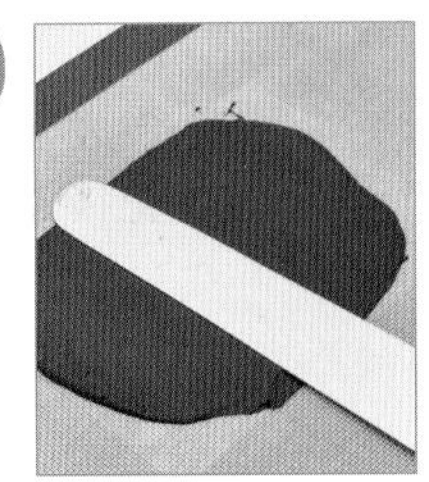

1 將調溫過的巧克力適量地倒在透明玻璃紙上，用抹刀抹成均一厚度。趁還沒定型時，輕敲檯面，讓塗抹的痕跡消失。

2 放置於室溫中乾燥，直到表面不再黏稠，背面放上托盤等有重量的物品，放進冷藏庫冷卻定型。壓重物可以防止翹起。使用時再切割成適當的尺寸。

壓模&切割

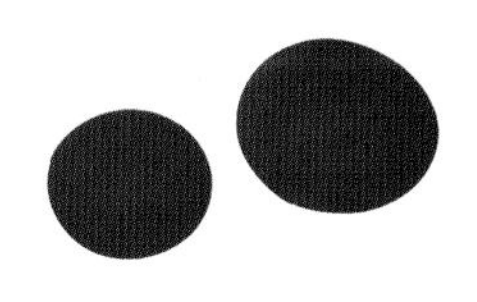

1 將薄片狀的巧克力放置至表面不再黏稠後，就能用模具切割，如果完全凝固後再切割，巧克力會碎掉，需特別注意。同樣在背面放上重石，冷卻定型。

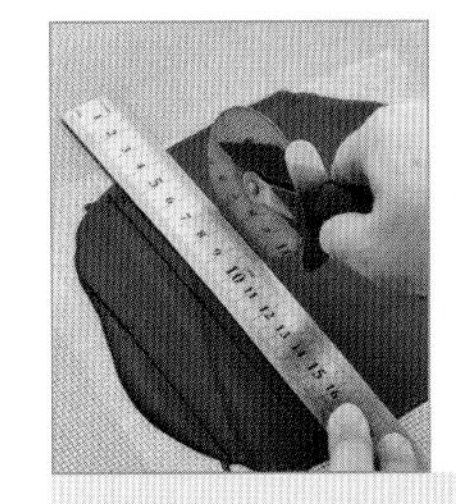

2 用刀具或滾輪切刀切割的時機和壓模一樣，連同烘焙紙翻過來，背面壓上重物，冷卻定型。

34頁和74頁所使用的裝飾，是用滾輪切刀切成底邊為寬2.5cm的三角形，立即放在半圓柱型模具等具有彎度的物品上，置於冷藏庫冷卻定型。

細線

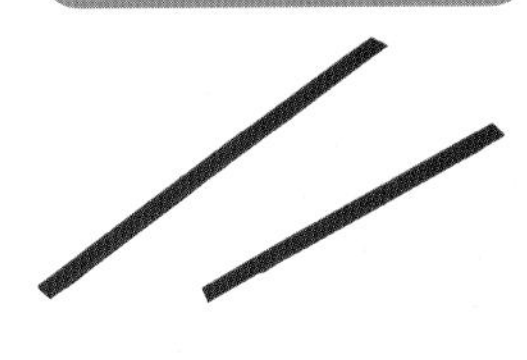

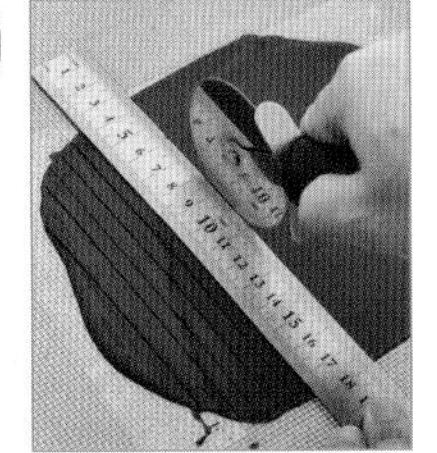

將薄片狀的巧克力放置至表面不再黏稠後，即可切割需要的寬度，如果完全凝固後再切割，巧克力會碎掉，需特別注意。連同烘焙紙翻過來，背面壓上重物，冷卻定型。

網格片

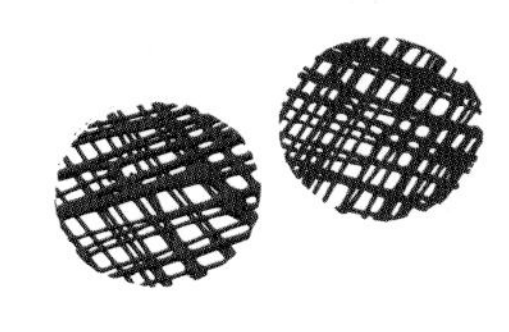

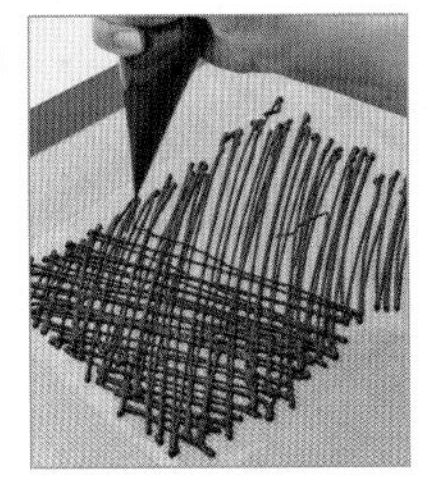

將調溫過的巧克力放進擠花袋中，於尖端剪出細細的缺口，在玻璃紙上擠出網格狀，和做薄片一樣，壓模或切割出想要的形狀，在背面放上重物，冷卻定型。

螺旋狀

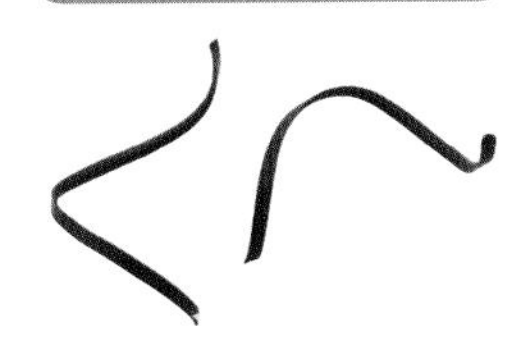

1 將調溫過的巧克力，適量地倒在蛋糕圍邊或玻璃紙上，用凹凸齒槽的刮板畫出筆直的橫線。

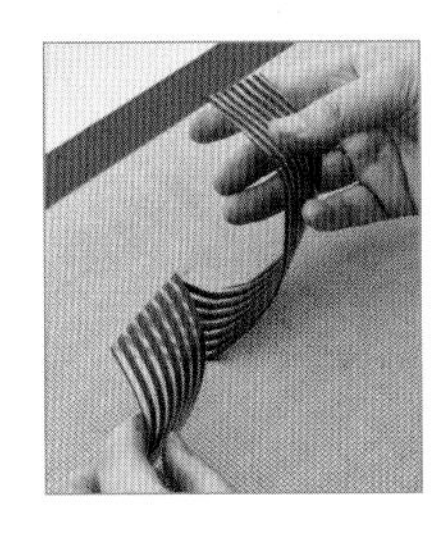

2 當表面乾燥至不再黏稠時，將巧克力連同圍邊一同向內側扭轉，呈螺旋狀。冷卻定型後再撕下圍邊。沒乾時旋轉的話會無法成型，定型後再旋轉則會扭斷，所以時機相當重要。

羽狀

用湯匙背面沾取大量的調溫巧克力，利用碗將湯匙邊緣抹乾淨。輕壓在玻璃紙上後，將湯匙往自己的方向拉，壓太大力的話巧克力會變太薄且易碎，需特別注意。冷卻定型後，撕下玻璃紙。

立體的羽毛

1 用小菜刀或油畫刮刀的背面沾取調溫巧克力，壓在玻璃紙上。

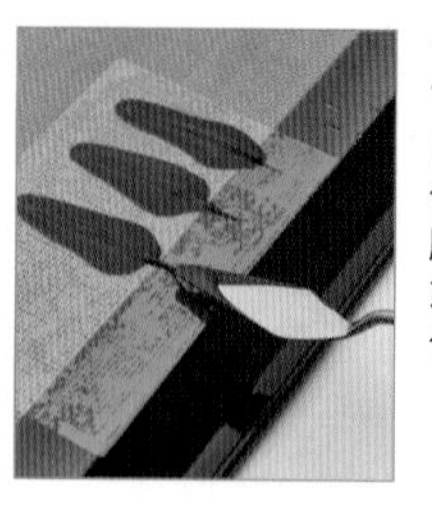

2 將刀具往上提2～3mm，輕輕拉向自己。雖然有些困難，但練習幾次就能畫出葉脈。將玻璃紙貼在桌子或烤墊的邊緣會比較好作業。

3 放到半圓柱型模具等具有彎度的物品上，冰到冷藏庫定型。

4 用瓦斯爐加熱刀具的尖端，在羽毛邊緣劃出刻痕，每劃一刀都用紙巾擦拭刀具。完全凝固後撕下玻璃紙。

塑型巧克力裝飾

塑形巧克力是加工過的黏土狀柔軟巧克力，用於手工藝。只要放在室溫下，就能用擀麵棍延展，製作出喜歡的形狀。除了白巧克力外，也有牛奶巧克力。

雛菊

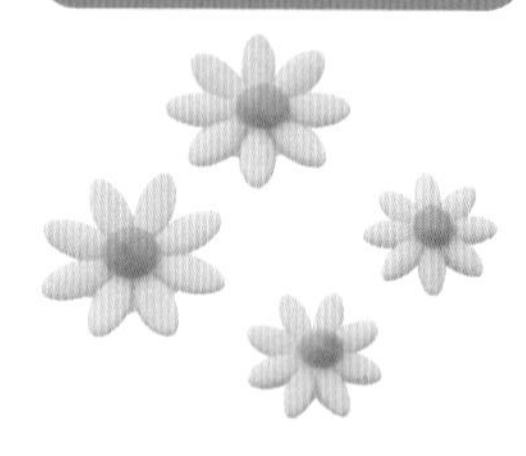

翻糖蛋糕使用的壓模，能夠切出漂亮的小巧形狀，種類也很豐富，十分方便。

1 用防潮糖粉取代麵粉，用擀麵棍將塑形巧克力延展成薄薄一片。

2 壓模時，使用製作翻糖蛋糕時會用到的雛菊模具，附有彈簧。

3 用隔水加熱的方式，融化市售的巧克力筆等帶有顏色的巧克力，放入擠花袋中，在尖端剪細細的缺口，擠出花蕊造型。

讓蛋糕外觀更美麗的小技巧

順利脫模

要將慕斯或巴伐利亞從模具中取出時，強行插入刀具或竹籤的話，只會造成表面損傷或缺角，稍微加溫模具才能夠順利脫模。

1 將浸濕的毛巾放進微波爐加熱，做成熱毛巾後包在模具外側加溫。

2 輕輕地垂直拿起模具，如果能順利取下就OK。難以取下的話就重新加溫。

用瓦斯噴槍加溫

將噴槍的火力調弱，靠近模具的邊緣，輕輕地加熱1圈後，拉起圈模。如果慕斯或巴伐利亞蛋糕的表面碰到火焰，或是模具過熱的話，蛋糕反而會溶解崩塌，需要特別注意。

切割的方法

切割時推薦鋸齒狀的刀具。用瓦斯爐的火焰輕輕加溫刀具，切的時候不要壓壞切面，像拿鋸子般輕輕前後移動，垂直地向下切，並確認是否確實地切到底部。

每切完一刀，都要將刀具擦拭乾淨再切，不然殘留在刀刃的碎屑會黏在切面上。

基礎部分的作法

此處介紹的是基礎配方。不同的甜點的配方和分量都會不同，所以請按照各個食譜準備材料、整形和烤焙。

甜塔皮

酥鬆的甜塔麵團。

材料

糖粉	25g
低筋麵粉	70g
無鹽奶油	35g
蛋黃	1顆

1 在食物調理機中放入糖粉、低筋麵粉，加入固體狀的奶油。開啟調理機，打成粉末狀，加入蛋黃。

2 再度開啟調理機，反覆按下ON／OFF開關，讓機器轉轉停停，直到幾乎看不見粉末，變成濕潤的炒蛋狀。

3 放入塑膠袋中整平，冰到冷藏庫1小時以上。靜置能防止麵團烤焙時縮水，緊實的麵團也較易延展。可以冷凍保存。

鹹塔皮

沒有甜味，口感酥脆的麵團。

材料

高筋麵粉	25g
低筋麵粉	25g
鹽	2g
砂糖	7g
無鹽奶油	25g
冷水	13g

1 在食物調理機中放入高筋麵粉、低筋麵粉、鹽和砂糖，加入固體狀的奶油。反覆按下ON／OFF開關，讓機器轉轉停停，直到奶油變成1cm的塊狀為止。

2 加入冷水，再度開開關關食物調理機，直到剩下一點粉末，變成濕潤的炒蛋狀。注意不要攪拌過頭。

3 放入塑膠袋中整平，冰到冷藏庫1小時以上。靜置能防止麵團烤焙時縮水，緊實的麵團也較易延展。可以冷凍保存。

甜點師奶醬

又稱卡士達醬。此為最基礎的配方。

材料

牛奶	125g
香草莢	約2cm
砂糖	30g
蛋黃	1顆
低筋麵粉	8g

1 在小鍋中倒入牛奶、香草和半量砂糖，煮至沸騰。在碗中混合剩餘的砂糖和蛋黃，撒入低筋麵粉，混合至看不見粉末，倒入半量的牛奶進碗中。去除香草莢。

2 將**1**倒回鍋子中，將全體均勻混合。轉大火，用耐熱橡膠刮刀一邊攪拌一邊煮，鍋緣開始沸騰時，就會慢慢形成勾芡，變成鮮奶油狀，此時要慢慢攪拌，避免燒焦。

3 過一會後，當奶醬變得沒有彈性，較為平滑，中心開始冒泡沸騰時，即是完成。將鍋子拿起，立即倒入碗中，在表面包覆保鮮膜，放上保冷劑，連同碗放入冰水裡，充分冷卻。

TITLE

熊谷裕子　精湛的蛋糕變化研究課

STAFF

出版　瑞昇文化事業股份有限公司
作者　熊谷裕子
譯者　顏雪雪

總編輯　郭湘齡
責任編輯　蕭妤秦
文字編輯　張聿雯
美術編輯　許菩真
排版　二次方數位設計　翁慧玲
製版　明宏彩色照相製版有限公司
印刷　桂林彩色印刷股份有限公司

法律顧問　立勤國際法律事務所　黃沛聲律師
戶名　瑞昇文化事業股份有限公司
劃撥帳號　19598343
地址　新北市中和區景平路464巷2弄1-4號
電話　(02)2945-3191
傳真　(02)2945-3190
網址　www.rising-books.com.tw
Mail　deepblue@rising-books.com.tw

初版日期　2021年2月
定價　350元

ORIGINAL JAPANESE EDITION STAFF

撮影　北川鉄雄
菓子製作アシスタント　田口竜基
レイアウト　中村かおり（Monari Design）
編集　オフィスSNOW（木村奈緒、畑中三応子）

國家圖書館出版品預行編目資料

熊谷裕子 精湛的蛋糕變化研究課/熊谷裕子作；顏雪雪譯. -- 初版. -- 新北市：瑞昇文化事業股份有限公司, 2021.02
128面；18.2 x 25.7公分
譯自：ケーキ作りのアレンジテクニック
ISBN 978-986-401-474-3(平裝)
1.點心食譜

427.16　110000927